U0052017

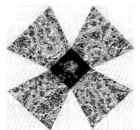

Let's do
Patchwork

❧ 嘗試動手製作拼布吧！

想要學習拼布，但總覺得好像很難……
稍微試了一下，在製作的過程中，漸漸地搞不清楚作法……
照著自己的方式，開始練習之後，
想要好好學習拼布圖案的縫法及縫份倒向……

這是為了有以上狀況的大家所撰寫的一本實用工具書。
本書以照片圖解的方式，讓初學者也能容易上手學習拼布。

首先，讓我們試著將喜歡的布片，拼接起來吧！

全圖解最清楚！
初學者的 拼布 基本功
一次學會36款圖形＋39款作品實作

—— 目次 ——

●本書是使用「パッチワークの基礎BOOK」內容，
　追加新的文章內容而完成的增補改訂版。

製作前請閱讀以下內容

●關於作法

・圖片中的數字單位為cm。

・作品的完成尺寸多少會與圖片有些差異。

・圖片尺寸不含縫份，請加上縫份後再進行裁剪。有註明直接裁
　剪處，不需要加縫份依指定的尺寸裁切。

・除了指定的縫份外，原則上布片加上0.7cm，貼布縫加上0.3～
　0.5cm，其他則加上1cm後進行裁剪。

**●縫線顏色使用容易辨識的紅色線，實際上縫製時請使用米
　色或搭配布料顏色的線。**

圖案索引

P.52
八角星

P.55
八角形

P.35
祖母花園

P.38、P.39
祖母花園變化版

P.98
橘瓣
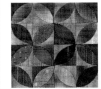

P.46
風車

P.88
希臘的十字架

P.47
貝殼

P.65
戀人的庭院

P.80
咖啡杯

P.57
法院的階梯

P.27
千片金字塔

P.76
飛蟲

P.24
單愛爾蘭鎖鍊

P.73
郵票提籃

P.53
雪球

P.45
捲線器

P.44
隨行杯
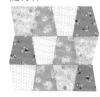

P.78
飛鳥

P.96
德雷斯登圓盤

P.17
九拼片

P.31
鋸齒

P.90
房屋

P.94
房屋變化版

P.68
提籃

P.54
蜂巢

P.46
人字織紋
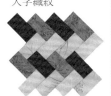

P.45
積木

P.65
蜜蜂

P.24
馬賽克

P.31
洋基之謎

P.44
圍籬

P.50
檸檬星

P.56
小木屋

拼布製作必備工具

只要有針與線，就可以馬上開始製作拼布，
若使用專業工具，可提高效率，
成品的精緻度也會有所不同。
慢慢地增加齊全的工具吧！

針

拼接針　壓線針　疏縫針　貼布縫針

CLOVER（株）

拼布主要有拼接、疏縫、壓線三項作業內容。依長度及粗細度，有各種不同的專業用針。也有適合貼布縫使用的針。

珠針

CLOVER（株）

在拼接及縫製時不可或缺的珠針。珠針頭建議使用玻璃材質，耐熱適用熨斗。

拼接針　
壓線針　
貼布縫針　
疏縫針　
珠針

原寸

拼接針使用美利堅針8至9號。壓線使用細短型的針。製作貼布縫時，適合使用像絲針一樣的細針。疏縫針使用粗細較粗且長度長的手縫針。

線

縫線

手縫線
Schappe ＃50
カナガワ（株）

Duet
金亀糸業（株）

Dual Duty ART.S200
横田（株）

壓線用線

Dynasty ＃40
カナガワ（株）

Quilter Farm ＃50
（株）フジックス

Dual Duty
ART260#40
横田（株）

50至60號線適合使用於拼接作業。壓線作業建議使用以蠟加工帶有彈性的線，若希望成品具有柔軟度時，也可使用與拼接作業相同的線。

兼用線

拼接及壓線作業兼用的線。

Patchwork Coton ＃50
（株）FUJIX

疏縫線

捲線型及捆紮型。

頂針指套

頂針的戴法

接針用手　　　　　慣用手

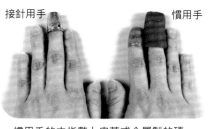

慣用手的中指戴上皮革或金屬製的頂針，進行壓線。食指則戴上拔針用的橡膠製頂針。接針用手的中指戴上金屬製頂針。

金屬製　　皮革製　　　橡膠製

皮革頂針
〈柔軟〉
CLOVER（株）

NEW LITTLE
頂針
金亀糸業（株）

彩色橡膠
指套
CLOVER（株）

頂針

壓線時需要使用的工具。具有各種不同的材質。

戒指型頂針

戒指型的頂針使用於壓線針運針。壓線時也可以戴在慣用手的中指。

記號用筆

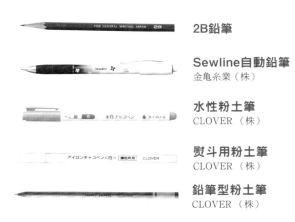

2B鉛筆

Sewline自動鉛筆
金亀糸業（株）

水性粉土筆
CLOVER（株）

熨斗用粉土筆
CLOVER（株）

鉛筆型粉土筆
CLOVER（株）

一般使用2B鉛筆，也可以搭配用途選擇專用的筆。有容易描繪細線的布用自動鉛筆以及遇水或熨斗熱會消失的記號筆。水消記號筆使用在標記壓線線條時，方便好用。

剪刀

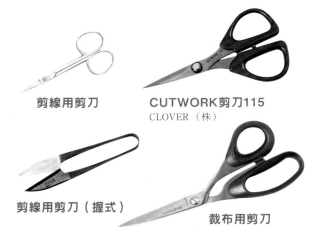

剪線用剪刀

CUTWORK剪刀115
CLOVER（株）

剪線用剪刀（握式）

裁布用剪刀

拼布有許多裁剪布片的細部作業。準備小剪刀，作業起來會比較方便。

圓規・量尺

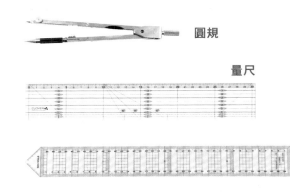

圓規

量尺

斜紋量尺
（株）KAWAGUCHI

製作紙型時需要的圓規及量尺。附平行線及角度線的量尺適用於作記號或畫壓線。斜紋量尺只要將斜向的角放於布上就能簡單地畫出45度線，是製作斜紋布條時的重要工具。

壓線框

拼布用比刺繡用的尺寸大，寬度寬。使用於壓線。

方便使用的工具

CLOVER（株）

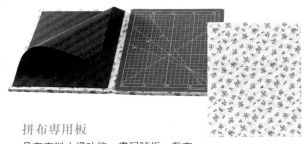

拼布專用板
具有布料止滑功能，畫記號板、裁布板、與熨燙板，多功能合一專用板。

CLOVER（株）

滾邊器
穿入滾邊用的斜紋布，使用熨斗燙出摺線。

CLOVER（株）

紙型用塑膠片
製作紙型用。因為是半透明塑膠製，能一邊看到布料圖案，一邊作記號。使用剪刀就能簡單裁剪。

拼布基礎用語

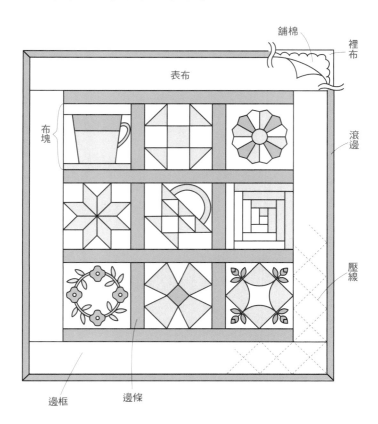

鋪棉
裡布
表布
布塊
滾邊
壓線
邊框
邊條

直接裁剪

不加縫份直接裁剪。

拼接

縫合布片。也可稱為Piece work。

排列配置

排列配置布塊及邊條、邊框等。

貼布縫

裁剪喜歡的形狀縫合在基底布上。

壓線

表布、鋪棉、裡布三層重疊縫合。

滾邊

處理縫份的方法之一。使用斜紋布帶包住完成壓線的布料周圍或包包袋口縫份處。

疏縫

為了不讓布料滑動而暫時固定的縫線。進行壓線時，為了不讓表布、鋪棉、裡布移動或產生皺褶，需要進行疏縫。

拼布

重疊表布（TOP）、鋪棉、裡布，進行壓線縫合成一片後，完成收尾周圍縫份的布料。

布片

　構成圖案的三角形或四角形布片。

拼接圖形

以三角形或四角形布片拼縫而成的幾何圖形。以設計表現圖案，圖形的命名各有不同。

布塊

構成拼布表布的單位之一。多為正方形，以拼接或貼布縫方式製作而成。
另外由布片縫合成塊的稱為小布塊。

邊條

布塊與布塊之間的細長帶狀布條。進行拼接後製作、也可以作成貼布縫。

邊框

表布周圍的帶狀布條。與邊條相同方式，進行拼接後製作、也可以作成貼布縫。

表布（TOP/Quit TOP）

拼布表層的布。接合布塊或邊條、邊框的布、或是單片布等，各有各種不同形態。

鋪棉

夾於表布與裡布中間的扁平棉布。密度緊實的薄棉布適合作為鋪棉使用。

裡布

拼布背面的布料。與表布厚度相同，顏色選用與表布相近的布料。

胚布

組合小型作品時，縫合於完成3層布壓線的拼布裡布側的單片布。

正面相對

（正面）　2片布對齊時，正面與正面朝內的狀態。

背面相對

（背面）　2片布對齊時，背面與背面朝內的狀態。

合印記號

　縫合弧形或長邊時所作的記號。避免布料與布料移位，對齊用的記號。

拼布製作基礎

拼布從製作紙型開始，
依畫記號→壓線→組合的步驟進行。
此章節會說明至壓線的步驟。

製作紙型

適合製作紙型的材質

容易作記號、有些厚度的紙，適合製作紙型。美工用的方格紙，直接製圖後裁剪，就能當作紙型使用。也可以使用明信片及空盒製作。

有厚度半透明的塑膠片可以透出圖案，方便複寫。因為材質柔軟，以剪刀就能剪。也可以使用厚描圖紙。

圖案的複寫方法

●使用本書刊載之圖案

貼合　　　　　　　　　　　　複寫

影印圖案後貼於厚紙上，使用剪刀裁剪。書本有厚度可能會造成歪斜，請在平坦的狀態下影印。建議使用不易讓紙產生皺褶的膠水。

半透明的塑膠片放於圖案上方，使用紙鎮或重量物、固定後描出圖案。邊角使用點作記號後，使用量尺畫出工整的直線。再畫上布紋線及對齊記號。

●直接畫線

直線

 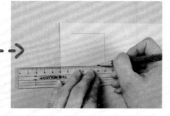

使用影印或完成製圖的圖案，畫於厚紙上的方法。圖案放於美工用紙及厚紙上方，邊角插入珠針。

移開圖案，連接珠針所刺的洞，以量尺畫線。三角形、平行四邊形也依相同方式畫線。

弧形

 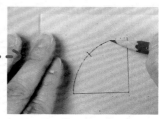

首先，使用珠針插入邊角，接著在弧形處間隔0.3至0.5cm左右的位置插入珠針。對齊記號則插在線的邊緣與邊緣處。

移開圖案，直線部分使用量尺畫線，弧形處沿著洞描出線條。再畫上對齊記號。

補強紙型的邊角

〈正方形〉

裁剪稍長的透明膠帶貼在邊角上，多出來的部分，沿著紙型的邊往背面摺入貼合。

〈尖角〉

在三角形的角及弧形的前端貼上稍長的膠帶，單邊沿著邊往背面摺入貼合，剪掉多餘的部分。

〈銳角的布片〉

銳角像這樣加上多出來的部分就不易折損。

在布料畫記號時，首先在四個角的位置畫上點作記號，移開紙型。使用量尺，將點與點畫線連結。

在布片上作記號的方法

※除了2B鉛筆外，請配合布料顏色及材質分類吧！

〈深色布料〉

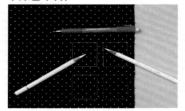

作記號的面若為深色，使用亮色的自動鉛筆或美工用鉛筆、色鉛筆。

〈薄布料〉

細棉布或細平布等薄布料、會穿透的材質如蕾絲等，使用HB鉛筆作記號。則無需擔心正面記號不易顯現，或接合處看起來是黑色的問題。

〈厚布料〉

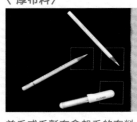

羊毛或毛氈布會起毛的布料，使用美工用鉛筆及色鉛筆作記號。粉狀的粉土筆前端有附齒輪，在布上點壓，以粉末作記號。

作記號方法

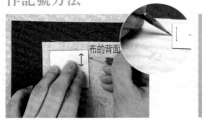

布的背面

布料放於裁切墊上，再放上紙型，對齊布紋後，邊角使用點作記號。筆尖沿著紙型，緊密地將點與點連接起來，筆呈斜角姿勢描線。

邊角使用點作記號後，移開紙型，使用量尺連接點作記號。

關於布紋

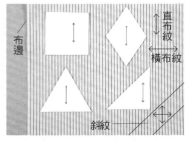

布邊

直布紋

橫布紋

斜紋

非左右對稱的紙型與想裁剪的方向反方向擺放後，作記號。

布紋是指布料橫向及縱向的織紋。沿著布邊，平行方向是直布紋、垂直是橫布紋、斜向45度是斜紋。拼布布片搭配直布紋或橫布紋裁剪布料。

不浪費材料的裁布方法

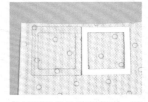

若是附縫份的框形紙型，就不需要裁齊縫份。另外，此紙型也適合用於一邊看正面布料圖樣，一邊記號。

使用附縫份紙型

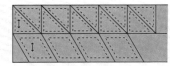

先畫好布片寬度的橫線，放上紙型後，作記號。因為可以連續往下作記號，在布料裁剪上就不會浪費。

三角布片

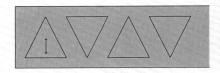

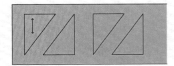

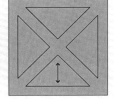

這樣的布紋，可以讓斜向的邊交錯排列，排出成正方形的形狀。

斜紋布帶的作法

與滾邊布寬幅相同尺寸的縫線

1 布料背面相對，摺45度角後，以熨斗燙壓摺痕。若使用較大片的布料製作，可裁剪出長布帶。

〈背面〉

基準線

2 打開布料，摺痕部分放上量尺畫線。以此為基準線，使用量尺畫出想裁剪的寬度線條。若使用附方格寬幅量尺，較容易作記號。

3 與步驟2相同方式放上量尺，作上縫線記號後裁剪。基本上只有縫線單邊需要作記號。需注意布帶的記號與縫線一致。

布帶的拼接方法

錯開縫份處

布帶正面相對，對齊邊緣，錯開縫份處，使用珠針固定後，以細針趾縫合。壓開縫份，使用熨斗燙壓，縫份平整後，裁剪多餘部分。

拼接方法

穿線方法

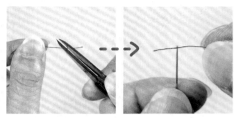

使用剪線用剪刀斜向裁剪，與針孔呈直角穿線。若在黃色物體上方進行穿線，容易看得到針孔，便於穿線。

打結方法

1 線穿過針，夾於針尖與食指之間。

2 長邊的線頭繞於針尖2、3圈。

3 纏繞好的部分使用食指及大拇指輕輕按壓，僅輕輕地將針拔出。

若線頭太長，裁剪0.3cm。

收針打結方法

1 止縫處放上針尖，繞線2、3圈。

2 以手指按壓纏繞處，輕輕地將針拔出。留下些許的線之後，進行裁剪。

珠針固定方法

1 2片布片正面相對疊合，在上方布片邊角記號處插入針，下方布片的邊角記號處插入針。確認針是否有確實穿過記號處。

2 與記號處呈垂直方向挑布。以相同方式，依另一側的邊角記號處及中心的順序，進行固定。處理大片布片時，將中心與兩邊之間以等間隔方式固定。

平針縫的方法

1 始縫處進行一針回針縫。先在離邊角記號處接近自己側入針，挑布一針。回到打結處，再入針，再從已挑針一針處出針。

頂針套入慣用手中指的第二關節處。

2 稍微拉緊布料，頂針頂於針頭，使用右手的大姆指與食指固定，使用頂針一邊按壓，左手上下移動，挑布後縫合。盡可能平均地以細針趾製作，較為整齊。

3 在不拔針的情況，盡可能地多集中抓取布料，如圖所示縫合。

4 縫合至稍微超過邊角記號處，暫時停針。為了防止縫合皺褶造成布片縮小，使用手指將縫線處整平。

5 與始縫處相同作法，進行一針回針縫。回針縫能夠防止脫線。

6 縫份裁剪約0.6cm，保持外觀整齊。請注意，若裁剪太多布料，縫份會容易脫線。

7 從離縫份一針的內側位置摺疊縫份，使用手指按壓，摺出摺痕。注意左右不要拉長布料，用力地按壓。

基礎縫法

作品製作時的實用縫法。

回針縫

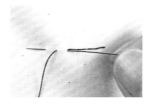

半回針縫

返回一針縫合。拼接時，在始縫及止縫處進行一針回針縫，增加強度，讓縫線不易脫線。另外，也可以使用於手縫作業，欲製作出堅固的作品時使用。半回針縫是以回半針的方式縫合。

縱向藏針縫

2. 自正上方的台布入針。

製作貼布縫（Ｐ.62至P.64）時的主要縫法，藏針縫的一種。因為縫線呈縱向而來的名稱。

1. 自圖案的山摺處出針。

3. 挑針，自山摺處出針。

ㄇ字藏針縫

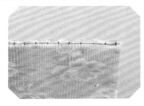

與布邊呈平行方向，兩邊的布交替挑針，屬於捲針縫。縫線不易被看見的藏針縫。

星止縫

正面露出小針趾的回針縫。適用於安裝拉鍊、不想露出明顯縫線，能夠確實固定、包包袋口有厚度的處理。

千鳥縫

1

挑0.1至0.2cm

線呈斜向交差方式縫合，屬於捲針縫。適合用於壓合拉鍊或是防止布邊脫線使用。

2

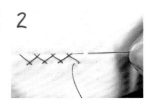

捲針縫

垂直入針

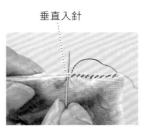

布邊以捲針方式挑布。

舖棉使用捲針縫接合
舖棉不夠時，將舖棉對齊後，進行捲針縫。請注意線勿拉太緊。

提升壓線技巧的方法

解說重疊表布、舖棉、裡布3層布的壓線方法。
就先從學習畫壓線的線條開始吧！

壓線的準備

畫壓線線條

●平行線

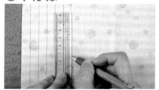

使用附有平行線的量尺。畫出第一條線後，以此條線對齊量尺的平行線，畫下一條線。

●方格線

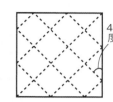

對齊此處

附角度線條的量尺方便使用。先將布邊與想畫的角度對齊，畫出基礎線。對角線也依相同方式畫線後，量尺的平行線對齊基礎線，斜向地畫出記號。

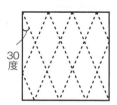

45度

對齊45度的角度線，可畫出正方形的格子。

30度

對齊30度的角度線，可畫出菱形的圖案。

●使用紙型

連續的弧形圖案，在製作紙型後，作上記號。

●複寫

淺色的布透出圖案，進行複寫。在重疊於圖案的布料放上布鎮，讓布不會移動，使用原子筆或鉛筆描出圖案。

●使用手工藝用複寫紙

無法透出圖案的布料以此方法複寫。首先，在布的上方放上圖案，上方使用珠針固定，中間夾入粉土面朝下的手工藝用複寫紙。接著在最上層放上玻璃紙，使用鐵筆（或是沒有墨水的原子筆）描圖。

疏縫

●重疊三層

裡布及舖棉裁切比表布稍微大一點的尺寸（如上方圖片所示）。依裡布、舖棉、表布的順序疊合，以中心壓出空氣的手勢整平布料。接著在各處使用珠針固定。

●關於舖棉　※ 表示每1m²重量的舖棉密度比例。

舖棉有許多種類，使用在小型作品到大尺寸拼布，以用途廣泛的舖棉為主※120g左右厚度為5mm左右的舖棉。一般使用的是背面貼有薄布襯的舖棉。另外還有單面或雙面附膠的舖棉，可以使用熨斗貼合表布及裡布。

●疏縫的順序

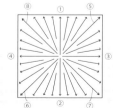

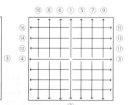

放射狀：自中心向外，依十字→對角線→中間的順序，呈放射狀縫合。

格子狀：自中心開始，進行十字疏縫，接著從離中心近的位置開使，分成兩邊，作出疏縫線。

●疏縫作業的基礎

製作小型作品時，留2至5cm。

回針縫

長度較長的疏縫線穿針後打結，於中心入針。以壓出空氣的手勢整平布面，不需將布提起就能進行疏縫。上方出針針趾長，將挑針針趾調短。縫至表布的邊緣，進行一針回針縫，不打結，線預留3至5cm後裁剪。

小技巧

稍微挑針後拉線。

入針後進行挑針時，使用湯匙按壓布料，若將針提起，會比較輕鬆。

關於頂針……頂針套於慣用手的手指，按壓針頭。

●皮革製頂針套於慣用手

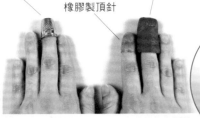

金屬製頂針
橡膠製頂針
皮革製頂針

慣用手的中指套入皮革製頂針、食指則使用防滑好抓取針的橡膠製頂針、接針手的中指套入金屬製頂針。

金屬製頂針不易使用時，可以在接針手的中指貼兩層ok繃後進行接針。

●戒指型頂針套於慣用手

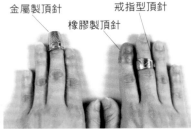

金屬製頂針
橡膠製頂針
戒指型頂針

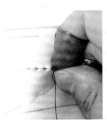

慣用手的中指第2關節上套入戒指型頂針

使用戒指型頂針時，使用大姆指及食指抓取針，頂針的凹處頂住針頭，掌握運針的訣竅進行壓針。

壓線框的安裝方法……若將壓線框放入布料進行壓線，可完成整齊的作品。

完成疏縫的布料，放於壓線框的內框上，壓線部分置於中心處。接著放於鬆開螺絲的外框上，嵌入。

稍微鬆開螺絲，中心以手按壓，從下方往上提，在布面保有鬆度的狀態，確實地將螺絲轉緊。

布面大小約50cm以上，建議使用壓線框。如果是無法嵌入壓線框的大小或不好入針的邊緣的情況，可以在周圍縫上兩層布。也可以加上大頭針。
※不使用壓線框時，可以細針趾方式進行疏縫。

開始壓線

坐在椅子上，壓線框夾於桌子與腹部之間。

1 離始縫處稍微有距離的位置入針，穿入舖棉，在始縫處往前一針處出針（左）。接著，拉線，在中間打結（右）。

2 挑針至舖棉，進行回針縫，拔針拉線。

3 與回針縫的針趾相同，垂直入針，讓針尖能碰到頂針，稍微入針即可。

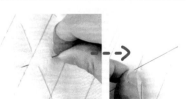

將布料往上頂。

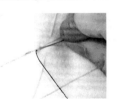

4 使用慣用手的頂針按壓針頭。以接針手的頂針邊緣接針，將布上提，使用頂針邊緣將布料往上頂。

5 使用慣用手的頂針壓針，挑針至裡布，將布料往上頂。看到針尖後，接針手的頂針往左移開，針朝下入針。

6 使用接針手的頂針往下個位置上頂布料，挑針。此處進行3針回針縫。若各自地挑2、3針，針趾也會比較整齊。

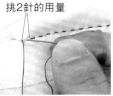

●止縫處的處理方法

挑2針的用量

7 拔針，朝正上方拉線。讓表面稍微內凹呈現陰影的狀態，拉線。重點在於挑針到裡布，習慣出入針動作之前，先不用在意背面的針趾也OK。

1 為了進行一針份回針縫，挑2針距離進行一針回針縫（左）。暫時拔針打結，在相同位置入針，在預留空間的位置出針（右）。

2 用力拉線讓打結處藏於內側，拉線後在布邊進行裁剪。若與出線反方向拉線，裁好的線頭較容易藏於內側。

●整齊的針趾………訣竅在縫出均一的針趾。
一開始使用稍微大一點的針趾也沒關係。

針趾均一地呈現直線及細短，等間隔方式排列。正面的針趾長度及針趾與針趾之間的長度相同，或是針趾與針趾之間的長度稍大，整體看起來剛剛好。

針趾歪斜

針趾稍大，均一排列。

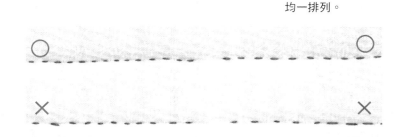

關於針趾與針趾之間的長度，若正面的針趾過小或過大，則無法作出漂亮的陰影。

●落針壓線

落針壓線是指在布片或貼布縫圖案縫份不倒向的那一側進行縫合。在布邊或0.1cm的位置進行縫合，布片及圖案呈現膨起上浮的樣子。

●有接合處時的始縫及止縫方法

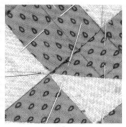

始縫在接合處入針，穿過舖棉後，在始縫處前1針處出針（左）。拉緊線，在內側打結。

止縫處挑兩針的距離，進行一針回針縫，於接合處出針（上）。暫時拔針，進行收針打結（下）。

在收針打結處入針，預留距離位置出針（上）。拉線後，將打結處藏於接合處，拉線後於布邊裁剪（下）。

●縫製過程中，線用完時

從想縫的位置預留距離入針，在預留2針距離的前方出針（左）。拉線後將打結處藏於內側，針趾收齊後進行一針回針縫，繼續縫製（右）。

●布厚處的壓線方式

使用一針一針出入針的上下針法。先垂直入針後拉線（左），接著朝上插入（右）。稍微用力拉線，以縫合針趾無厚度部分相同方式製作。

就從單拼片開始吧！

指導／大畑美佳

縫合連接相同形狀的布片，也可稱為拼布起點的基礎圖案。
先從連接正方形布片的四角形拼接開始學習！

四角形
拼接

全部使用相同尺寸的正方形、或組合有大有小的正方形，
斜向排列，即可玩出各種各樣的圖案。

✳ 九拼片

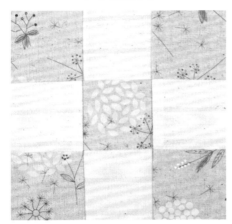

9片正方形與相鄰布
片以顏色及花紋作出
區隔，交替排列。

✳ 單愛爾蘭鎖鍊

九拼片布塊與單片
布布塊交替排列而
成的圖案。

✳ 斜向拼接

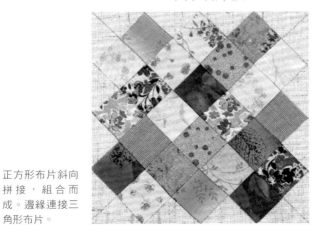

正方形布片斜向
拼接，組合而
成。邊緣連接三
角形布片。

✳ 馬賽克

使用5片正方形布
片組成十字圖案。
此作品是以4片布
片組合的長方形。

P.16～P.43　設計／大畑美佳
作品製作／大畑美佳　加藤るり子　杉平好美　村田一枝　山村知馨子　　　圖案製作／加藤るり子　堀內明里

「九拼片」
造型杯墊

- - - - - - - - - - - - - - - - -

自然色系的花朵圖案，
與格紋交替排列。
設計重點在於取了玫瑰圖樣布，
製成柔美風格的作品。

10.5×10.5cm（2件作品相同）
作法流程 P.20

✳ 九拼片的縫法

準備9片使用2色配色的布片A，各自將3片連接後，製作3片布帶，進行接合。
縫合重點在於確實地對齊邊角後縫合。
以下說明是避開接合處縫份的縫法。

縫份倒向

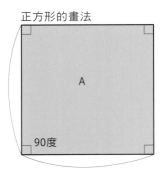

正方形的畫法

A

90度

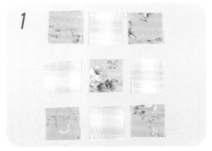

準備加上縫份0.7cm的布片，排列。先接合
最上排的3片。

2片正面相對疊合，對齊記號後，使用珠針固定。一邊確認記號，一邊固定。

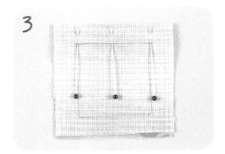

固定邊角及中心。

自邊角處前方1針的位置入針，自邊角出針後
進行一針回針縫。

記號的上方進行平針縫。

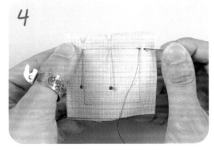

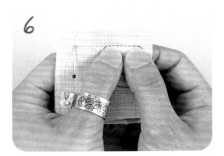

拔針時，以手指將縫線整平。防止因縫合產
生皺褶而讓布片縮小。

縫合至邊角前端後，進行一針回針縫。即完
成從布邊縫合到布邊的平針縫。

縫份裁齊約0.6cm。

9

縫份向深色布片側單邊倒向。摺出摺痕,以指甲輕輕壓平。

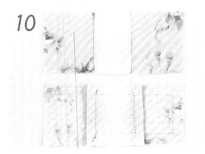

10

另一片的A也以相同方式連接,完成布帶。縫份如圖倒向。

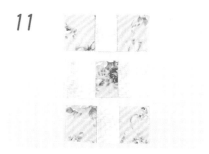

11

中間與下面的布片以相同方式連接,製作3片布帶。

就從單拼片開始吧!

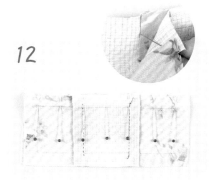

12

2片布帶正面相對疊合,對齊記號後,使用珠針固定邊角、接合處、中間。看著布料正面,確實地在接合處入針。

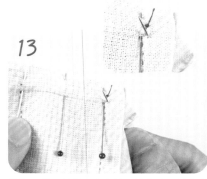

13

進行一針回針縫,自布邊開始縫合。接合處避開縫份縫合,在下一個布片的邊角前方一針趾處出針,拉線。

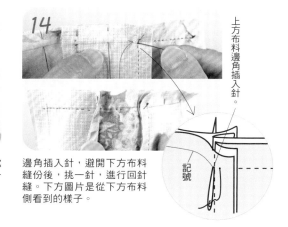

14

邊角插入針,避開下方布料縫份後,挑一針,進行回針縫。下方圖片是從下方布料側看到的樣子。

上方布料邊角插入針。

記號

15

縫至下個邊角的前一針趾位置後出針,拉線。避開下方縫份縫合。

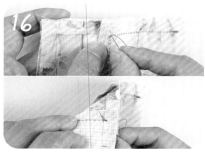

16

邊角插入針,自正面一邊確認,一邊自下方布料邊角出針。

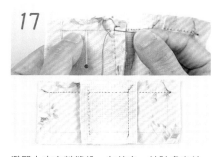

17

避開上方布料縫份,在前方一針趾處出針,進行回針縫,縫合到布邊。

不避開縫份的縫法

18

縫份往上方布帶側單邊倒向。下方布帶也以相同方式接合,縫份往下方布帶側單邊倒向。最後自背面以熨斗燙壓,整平縫份。

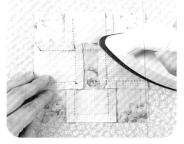

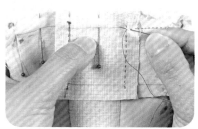

縫份上方進行平針縫,接合處進行一針回針縫。縫份上無記號,放上量尺先畫出記號,較容易縫合。

19

杯墊

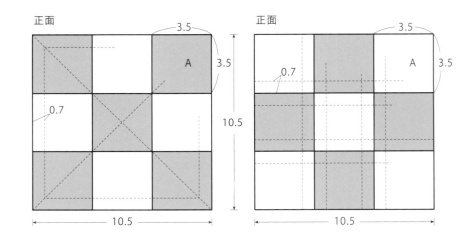

正面

3.5
3.5
A
0.7
10.5
10.5

正面

3.5
0.7
A
3.5
10.5

材料
各式拼接用零碼布
舖棉、裡布各15X15cm

作法重點
● 周圍滾邊時，準備直接裁剪的寬幅
　3.5cm斜紋布帶55cm。
● A的原寸紙型請見特別附錄P.117。

1
珠針向外固定

裡布（正面）
舖棉

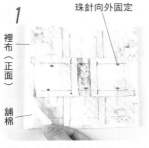

舖錦上方疊合與表布相同尺寸的裡布，與表布正面相對，使用珠針固定。

2

返口6cm

預留返口，表布的記號上方以半回針縫縫合。

3

翻開縫份，在縫線邊緣裁剪舖棉。

4

表布與裡布的縫份裁齊0.6cm。

5

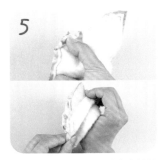

從返口處放入手指，將邊角的縫份摺向舖棉側，維持手指按壓姿勢，翻回正面。

6

其他的邊角也以相同方式翻回正面。

7

縫線處插入錐子，拉出邊角內凹的布，整理形狀。

8

摺入返口縫份，以ㄇ字藏針縫縫合返口。

9

畫壓線線條。使用水消筆或熨斗熱消筆更加方便。

10

進行疏縫。避開與壓線線條記號重疊處。

11

進行壓線。自中心朝外縫合。

12

接合處縫份具有厚度，請使用一針一針垂直入針的上下針法。

周圍滾邊的方法

※步驟5也有介紹連續結合布帶的縫法，在此為了讓邊角整齊，所以一邊、一邊縫合。

使用斜紋布帶包覆周圍縫份，進行滾邊。邊角處將布帶摺45度，組合成框形進行收尾處理。

1 表布的邊角從背面插入珠針，從正面以原子筆畫點，放上量尺畫出周圍的完成線，也畫出壓線線條。

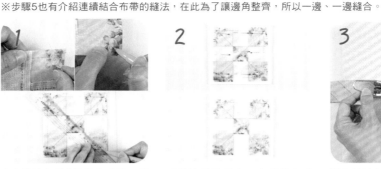

2 重疊舖棉及裡布。向外插入珠針，進行疏縫後壓線。

3 製作斜紋布帶。在寬1.8cm的滾邊器插入布帶，慢慢地一邊拉，一邊以熨斗燙壓。

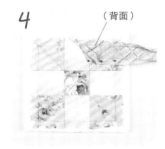

4 （背面）布帶邊緣摺0.7cm，對齊完成線記號及摺線，以珠針固定至記號的邊角。

5 從邊角到布帶邊緣進行半回針縫，收尾打結後，剪線。挑針至裡布縫合。

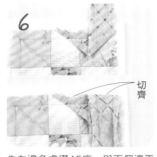

6 切齊。先在邊角處摺45度，與下個邊平行。接著摺回布帶與下個邊對齊。

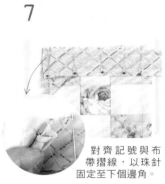

7 對齊記號與布帶摺線，以珠針固定至下個邊角。

8 邊角至邊角處進行半回針縫。始縫及止縫處進行回針縫。每個邊重覆相同作業。

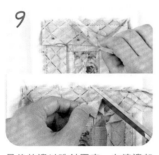

9 最後的邊以珠針固定，在滾邊起始處疊合布帶後，斜向裁剪。

10 從疊合的布帶邊緣至邊角進行半回針縫，收針打結後，裁線。

11 沿著布帶邊緣裁切周圍多餘的布及舖棉。

12 沿著布邊摺入。從此處開始進行藏針縫。將布帶翻回正面，包住縫份，以珠針固定，從邊角開始進行藏針縫。進行5至10針藏針縫，對齊寬度。以藏針縫縫至邊角後，拉線。

13 停針，包住下個邊的縫份，以珠針固定。整理邊角呈45度，重疊處進行一針藏針縫。

14 布帶疊合處，保持不鬆動狀態，以手指確實摺緊。

15 最後自邊角出針，收針打結。隔一段距離處出針，拉線，藏住打結處，剪線。

21

斜向拼接眼鏡袋
- - - - - - - - - - - - - - - -

袋口能完全緊閉的
彈簧口金款式。
隨機地接合布片時，
使用配色區隔布片與布片，
讓圖案更加生動。

16.5×10cm
作法P.23

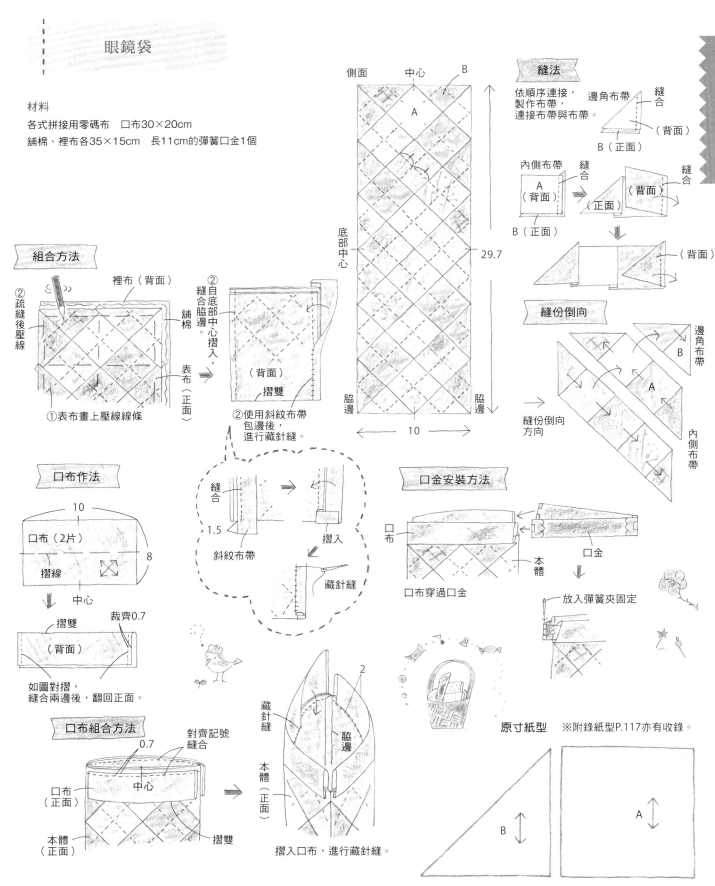

眼鏡袋

材料
各式拼接用零碼布　口布30×20cm
鋪棉、裡布各35×15cm　長11cm的彈簧口金1個

就從置拼片開始吧！

縫法

依順序連接，
製作布帶，
連接布帶與布帶。

邊角布帶　縫合

B（背面）

B（正面）

內側布帶　縫合

A（背面）　（正面）　（正面）　縫合

B（正面）

（背面）

縫份倒向

邊角布帶

B

A

內側布帶

縫份倒向方向

側面　中心　B

A

底部中心　29.7

脇邊　脇邊

10

組合方法

②疏縫後壓線

裡布（背面）

鋪棉

表布（正面）

①表布畫上壓線線條

②自底部中心摺入，縫合脇邊。

（背面）

摺雙

②使用斜紋布帶包邊後，進行藏針縫。

縫合

1.5

斜紋布帶

摺入

藏針縫

口布作法

10

口布（2片）

摺線　8

中心

摺雙

（背面）

裁齊0.7

如圖對摺，
縫合兩邊後，翻回正面。

口金安裝方法

口布

口金

本體

口布穿過口金

放入彈簧夾固定

口布組合方法

0.7

對齊記號縫合

口布（正面）

中心

本體（正面）

摺雙

藏針縫

2

脇邊

本體（正面）

摺入口布，進行藏針縫。

原寸紙型　※附錄紙型P.117亦有收錄。

B

A

「單愛爾蘭鎖鍊」&
「馬賽克」茶壺隔熱墊

- -

大地色系的圖樣，
圖案像是浮起來一樣。
適合搭配午茶使用，
以米色進行配色也很美麗。

16.5×16.5 cm（2件作品相同）
作法P.25

茶壺隔熱墊

材料（1件的用量）
各式拼接用零碼布
滾邊用布 30×30cm（含吊耳）
鋪棉、裡布各25×25cm

作法重點
● 滾邊方法請參照P.21。

就從單拼片開始吧！

單愛爾蘭鎖鍊

單愛爾蘭鎖鍊

縫法

① 九拼片的布塊
（參照P.18）

A

B

準備布塊及布片

② 連接製作3片

③ 連接布帶製作表布

10

單愛爾蘭鎖鍊

0.8 cm 滾邊

5.1

B

5.1

A

落針壓線

15.3

15.3

馬賽克

馬賽克

縫法

① b
（背面） a
c
a
b
c
d
c
b

布帶依順序接合，製作布塊。

② 接合4片布塊

馬賽克

b
c
a
d

0.8 cm 滾邊

落針壓線

15

7.5

7.5

15

組合方法

① 裡布（背面）
鋪棉
表布（正面）
疏縫

表布重疊鋪棉及裡布後，進行疏縫，壓線。

② 藏針縫
（背面）
周圍使用斜紋布帶滾邊

縫份倒向

吊耳的作法

直接裁剪

10

3.5

正面

0.9

摺四褶後車縫

拉繩縫法

藏針縫

1cm摺入

背面

摺彎吊耳，以藏針縫縫於喜歡的位置。

原寸紙型 ※附錄紙型P.117亦有收錄。

c
b

a

A

d

25

三角形
拼接

排列分割正方形而成的三角形或正三角形,製成圖樣。
依布片的排列方式不同,能設計出各種圖案。

＊ 千片金字塔

以顏色及圖案與相鄰
的布片作出區隔,交
替排列三角形。

＊ 洋基之謎

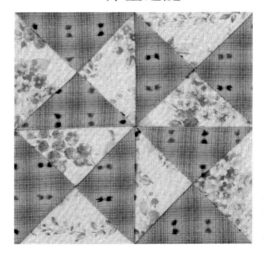

正方形以對角線分
成四份,相對的布
片與布片使用相同
布料進行配色。

＊ 鋸齒

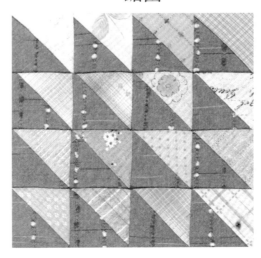

正方形以對角線分
割成一半,以配色
呈現鋸齒圖案。

「千片金字塔」
造型包
- -

以三角布片拼出格紋或直紋圖樣，
打造生動設計。
使用大片圖案的花朵印花布，
呈現活潑氣息。
與花朵印花布相襯的
附花朵裝飾提把是一大亮點。

18.5×28cm
作法流程 P.29

＊千片金字塔的縫法

等邊三角形的布片橫向連接組合。
注意，勿搞錯布片的方向及配置，請先排列一次後再縫合。
也可以運用正三角形的布片拼接。

縫份倒向

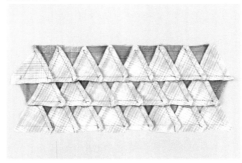

以正方形
製作等邊三角形的畫法

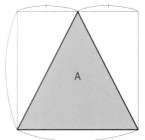

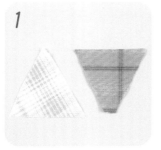

準備兩片布片。注意布片的方向。

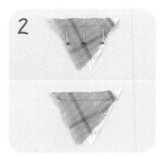

正面相對疊合後，對齊記號，以
珠針固定，縫合布邊到布邊。始
縫處及止縫處進行回針縫。

裁齊縫份，深色側單邊倒向。

連接相鄰的布片。

正面相對疊合後，對齊記號，以
珠針固定，縫合布邊到布邊。

縫份向深色側單邊倒向。

以相同作法接合相鄰布片，製作
3條布帶，再接合每條布帶。

2片正面相對疊合，使用珠針固定
邊角、接合處、中間。一邊看著布
的正面，在接合處的邊角插入針。

從布邊開始縫合，避開下方布的
縫份，接合處的邊角前一針趾處
出針，插入邊角。

看著布的正面，針插入邊角（左
上），前一針趾處出針（左右）進
行回針縫，繼續縫合（右上）。

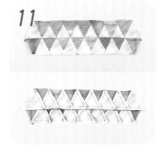

縫份倒向任一側。另一片布帶也
以相同方式縫合。

造型包

材料

各式拼接用零碼布　C用花朵圖案布30×20cm
C用棕色印花布30×10cm　滾邊用布30×30cm
舖棉50×35cm　裡布65×40cm（含yoyo拼
布、穿底板用布）　長38.5cm皮革製提把1
組　19×5cm塑膠板

作法重點

●包住袋口及側身縫份的斜紋布帶，直接裁剪寬
　3.5cm，先使用滾邊器摺邊（參照P.21）。
●A至B'原寸紙型附錄P.117。

提把

0.8滾邊

邊緣使用半片布片接合

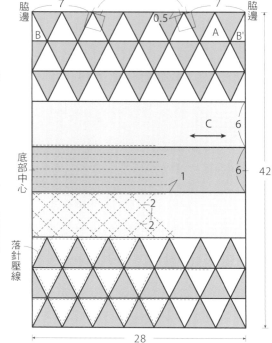

提把安裝位置

脇邊　7　0.5　7　脇邊

B　A　B'

C　6

底部中心　6　42

落針壓線

1

2
2

28

就從單拼片開始吧！

穿底板用布作法

直接裁剪

7

21.5

側身的縫法

脇邊

（背面）　縫合

6

① （背面）　三摺邊縫合

② （背面）　1　摺上下側的縫份

yoyo拼布作法

直徑9cm（直接裁剪）

① 摺入0.5cm

② （背面）　拉緊

平針縫

提把安裝方法

（背面）

放於提把縫線上方，進行藏針縫。

1

縫份向內側倒向

拼接後，製作表布。以布片的邊角為基準，放上量尺畫出周圍的完成線、壓線線條。

2

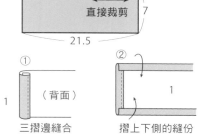

重疊裡布與舖棉，自中心向外以珠針固定，疏縫。

3

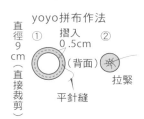

自中心向外壓線。若慣用手側使用布鎮壓住，會較容易縫製。

4

從底部中心正面相對摺入，對齊脇邊記號後，使用珠針固定。看著正面記號固定邊角，固定布片與布片。

5

預留0.1cm

插入珠針的位置放上量尺，畫出記號。筆尖粗的情況，從珠針處以量尺量0.1cm的位置畫記號才能正確標記。

6

另一邊的脇邊也以相同方式製作，在背面作記號。

29

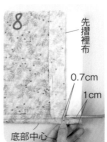

車縫縫合記號上方處。珠針在縫合前取下。

處理脇邊縫份。首先，從底部中心起算1cm的位置，只裁剪裡布（從脇邊的縫線起算預留0.7cm）。接著，裡布裁剪寬2.5cm。最後將多餘的部分沿著摺入裡布的邊裁齊。

先摺裡布
0.7cm
1cm
底部中心

以預留的裡布包住縫份，使用珠針固定，進行藏針縫。另一側的脇邊也以相同方式製作。

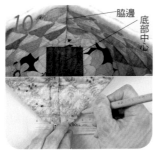

脇邊 底部中心

底部中心與脇邊對齊後，從裡布側使用珠針固定。側身使用量尺測量後畫記號。

車縫記號，縫合。

斜紋布帶正面相對疊合，對齊縫線與布帶的摺線，使用珠針固定，進行半回針縫（可挑針至舖棉）。沿著布帶邊緣裁剪多餘部分。

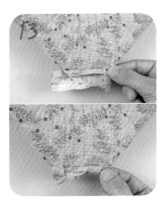

沿著布帶邊緣裁剪多餘部分，包住縫份，以珠針固定，藏住步驟15的縫線，進行藏針縫。

將布帶翻回正面，摺入兩邊，包住縫份後，使用珠針固定，進行藏針縫。

在本體袋口處，斜紋布帶正面相對疊合，對齊記號，以珠針固定。摺始縫處後，重疊於止縫處，裁剪多餘部分（參照P.21）。

車縫縫合布帶的記號。珠針在縫合前取下。

移開0.5cm，呈現斜向。 記號

沿著布帶邊緣裁剪多餘部分，包住縫份，以珠針固定，藏住步驟15的縫線，進行藏針縫。

縫合提把。從脇邊開始測量安裝位置，作記號後，放上提把使用珠針固定。

從第2個洞出針，掌握回針縫的訣竅縫合。背面的縫線處加上yoyo拼布，藏住縫線。

製作穿底板用布，放於底部中心，進行藏針縫。放入裁剪完成的邊角塑膠板後即完成。

「洋基之謎」&
「鋸齒」平面波奇包
- - - - - - - - - - - - - - - -

2個灰色調配色的質感作品。
以綠色及紫色作為配色，
給人明亮的印象。
蓬鬆圓圓的形狀，
造型可愛的波奇包。

上 15×21cm　下 13.5×19cm
作法 P.33

縫合袋口，後片與前片連接成一片。
縫於袋口的包釦，是使用麻布重疊上蕾絲製成。

31

✳ 洋基之謎與鋸齒

✳ 洋基之謎

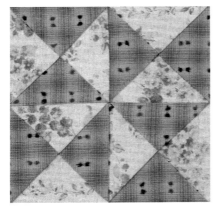

連接4片布片A，製作4片正方形小布塊。橫向各接合兩片，作成帶狀後，組合成一片。小布塊內相對的布片使用同一塊布料，配色使用深淺色作出的區隔。

圖案的縫法

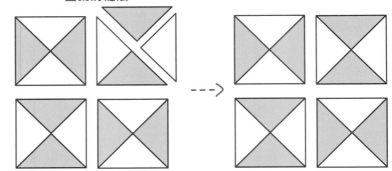

縫份倒向

接合2片帶有深淺色A的縫份，向深色側單邊倒向。縫合上2片正方形小布塊的縫份，使用上下的布帶以交替方式倒向。

製圖方法

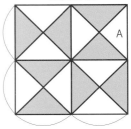

✳ 鋸齒

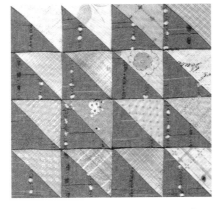

連接2片布片A，製作正方形小布塊16片。小布塊橫向接合，製作布帶，連接布帶與布帶。配色時為了呈現鋸齒圖案，以深淺色交替的方式排列。此處示範的底色使用深色，圖案使用淡色的零碼布。

圖案縫法

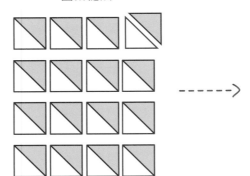

縫份倒向

接合2片帶有深淺色A的縫份，向圖案側單邊倒向，縫合正方形小布塊之間的縫份向圖案側單邊倒向。布帶與布帶的縫份往同一方向倒向。

製圖方法

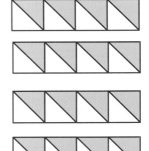

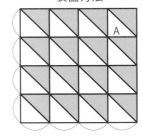

波奇包

材料（1件的用量）

各式拼接用零碼布　後片用布55×30cm（含滾邊、貼邊部分）　舖棉、裡布各50×25cm
直徑2.4cm的包釦裸釦1個　直徑1cm四合釦1組　包釦用麻布、蕾絲布適量

作法重點

●壓線前先在表布畫完成線，記號稍微畫至外側，進行壓線。

●滾邊的方法參照P.21。

＊原寸紙型A面⑤
　前片與後片的原寸紙型

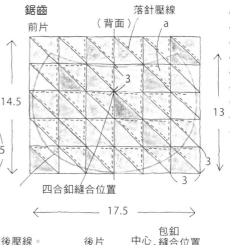

洋基之謎
前片
落針壓線
中心
A
4
14.5
5
5
四合釦縫合位置
完成線
19.5

鋸齒
前片
落針壓線
（背面）
a
3
13
3
3
四合釦縫合位置
17.5

組合方法

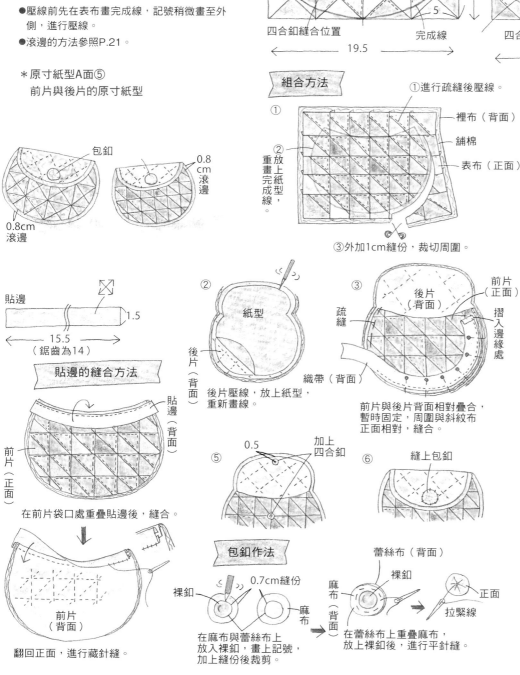

①進行疏縫後壓線。

裡布（背面）
舖棉
表布（正面）

①
②
重疊放上紙型，重畫完成線。

③外加1cm縫份，裁切周圍。

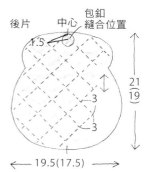

後片
中心
包釦縫合位置
1.5
21（19）
3
3
19.5（17.5）

※（ ）是鋸齒的尺寸
※壓線寬度相同

包釦
0.8cm滾邊
0.8cm滾邊

貼邊
1.5
15.5
（鋸齒為14）

貼邊的縫合方法

貼邊（背面）
前片（正面）

在前片袋口處重疊貼邊後，縫合。

前片（背面）

翻回正面，進行藏針縫。

②
紙型
後片（背面）

後片壓線，放上紙型，重新畫線。

③
後片（背面）
前片（正面）
疏縫
摺入邊緣處
織帶（背面）

前片與後片背面相對疊合，暫時固定，周圍與斜紋布正面相對，縫合。

⑤
0.5
加上四合釦

⑥
縫上包釦

④

後片（正面）
摺入織帶後，會自然產生皺褶。

回摺織帶，包住縫份，進行藏針縫。

原寸紙型
※附錄紙型P.117亦有收錄。

包釦作法

裸釦
0.7cm縫份
麻布

在麻布與蕾絲布上放入裸釦，畫上記號，加上縫份後裁剪。

蕾絲布（背面）
裸釦
麻布（背面）

正面
拉緊線

在蕾絲布上重疊麻布，放上裸釦後，進行平針縫。

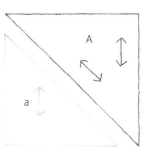
A
a

六角形拼接

花朵圖案及馬賽克等，
六角形拼接可變化出各種形狀。
此章介紹布片拼接組合方法
及使用捲針縫接合的紙襯捲針縫法。

✳ 祖母花園

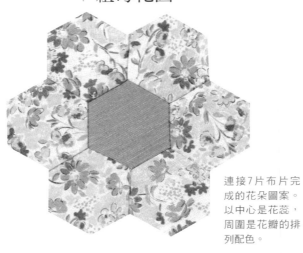

連接7片布片完
成的花朵圖案。
以中心是花蕊，
周圍是花瓣的排
列配色。

✳ 主題圖案周圍圍 2 圈

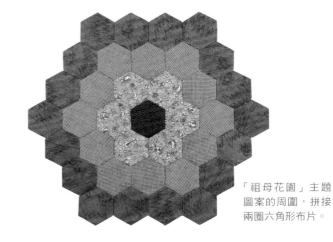

「祖母花園」主題
圖案的周圍，拼接
兩圈六角形布片。

✳ 隨機拼接

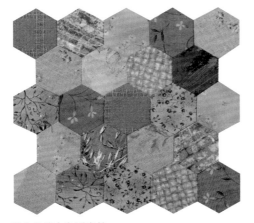

橫向拼接六角形布片，
組合喜歡的顏色花紋設
計圖案。

✳ 圖案與圖案的布片相接

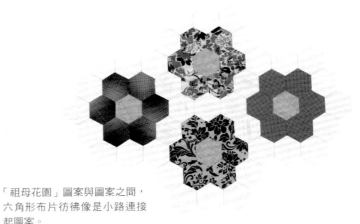

「祖母花園」圖案與圖案之間，
六角形布片彷彿像是小路連接
起圖案。

「祖母花園」
造型波奇包
- - - - - - - - - - - - -

以粉紅的花為意象，
使用明亮的配色。
側面對摺，
縫合脇邊而成的
簡單拼接組合。

12.5×18cm
作法流程 P.40

✳ 祖母花園縫法

中心的布片嵌入6片布片相接。
確實地對齊邊角記號，縫合每個邊，
縫合至記號處後，接著進行下一個邊。

縫份倒向

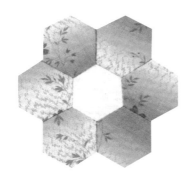
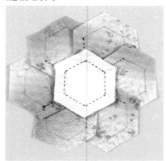

六角形的畫法

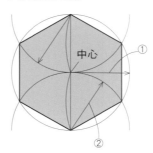

拼接方法

布料背面放上紙型，畫記號。六角形布片角的位置，若以點作記號後再描線，就可畫出正確的圖案。

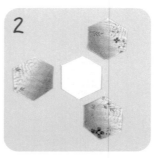

首先，將外側的3片布片與中心布片，一片一片地連接起來。

正面相對疊合2片，對齊記號，使用珠針固定，自記號處縫合到記號處。始縫處及止縫處進行回針縫。

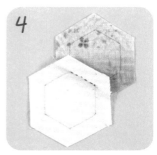

裁齊縫份，往外側的布片側單邊倒向。

其他2片也以相同方式縫合。每片縫份裁齊，向外側倒向。

剩下的3片接於中間處。從這邊開始進行嵌入縫合。

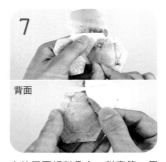

布片正面相對疊合，對齊第一個邊的記號，使用珠針固定。避開中心布片的縫份。

自記號處縫到邊角的記號處。請注意，勿縫合中心布片的縫份。在邊角的位置進行一針回針縫。

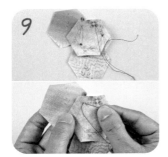

休針，對齊下個邊與邊的記號，使用珠針固定，縫至邊角位置，進行回針縫。避開下個布片的縫份。

休針，第三個邊也以相同方式對齊記號後，使用珠針固定。

縫合至邊角位置，進行一針回針縫。裁齊3邊的縫份。

縫份往同一方向倒向。剩下的2片也以相同方式縫合。

布塊拼接方法

1

每片布塊連接成帶狀後拼接。先排列一次，確認縫合位置。

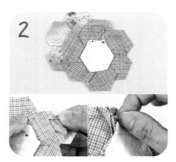

2

布塊正面相對疊合，對齊記號處後，使用珠針固定縫合。避開縫份，在下一片布片的邊角出針。

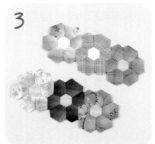

3

完成布帶。縫合布帶時，注意不要弄錯縫合位置，重覆步驟2後接合。縫份如右圖所示倒向。

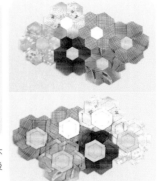

以紙襯捲針縫法方式縫合

1 （背面）

紙襯

紙襯※裁剪完成尺寸、布片則加上縫份0.7cm後裁剪。紙襯放於布片上，使用珠針固定。

※紙襯適合使用明信片厚度的紙。也有市售品。

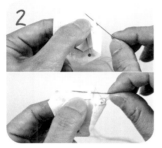

2

一邊一邊地摺縫份，使用疏縫線，只有重疊部分的布挑一針後，拉線，摺下一個縫份，挑一針。

3

重疊步驟2，打結處附近出針，只挑布進行回針縫後，剪線。

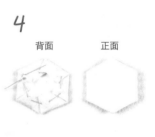

4

背面　　　正面

布片整齊的製作訣竅，在於紙襯邊緣確實地壓摺布料，使布料不鬆脫。

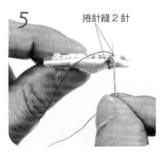

5 捲針縫2針

中心與外側的布片正面相對後，對齊邊，只挑布，從邊角的內側2針處進行捲針縫。

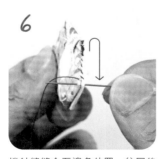

6

捲針縫縫合至邊角位置，往回後縫到下方邊角。

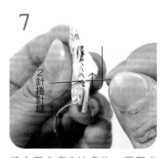

7 2針捲針縫

縫合至內側2針處後，展開布片，收針打結後裁線。

8

以捲針縫縫下一個布片。以捲針縫縫合2邊。

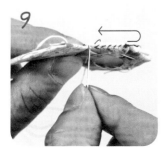

9

正面相對疊合，與步驟5相同方式，從內側2針處開始進行捲針縫，縫至外側邊角後，往回縫至內側的邊角。

10

展開布片。

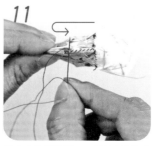

11

對齊下個邊與邊，以捲針縫縫合到邊角位置，回2針。摺疊紙襯也沒關係。

12

最後的布片3個邊進行捲針縫。全部縫合後，取下疏縫線及紙襯。

✱ 使用布片連接圖案與圖案的方法

「祖母花園」圖案周圍連接布片,製作布塊後拼接。注意不要縫錯邊。

布塊拼接方法

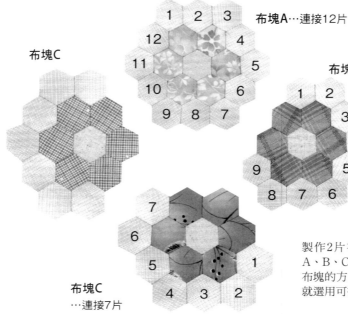

布塊A⋯連接12片

布塊C

布塊B

⋯連接9片

縫份倒向

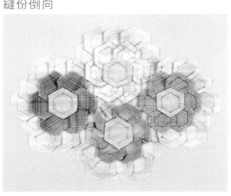

布塊C

⋯連接7片

製作2片在圖案周圍連接布片的布塊
A、B、C,依順序縫合拼接。一邊注意
布塊的方向,進行嵌入縫合。周圍布片
就選用可襯托圖案的顏色吧!

製作布塊A。在圖案上,第一片
的布片正面相對,使用珠針固定
後,從記號處縫至記號處。

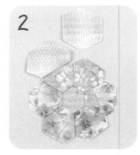

縫份向外側倒向。下一片布
片進行嵌入縫合。

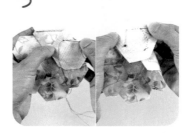

第1個邊正面相對,使用珠針固定,
從記號處縫合至角的記號處,進行回
針縫。接著進行下一個邊。避開第2
個邊的縫份。

以相同方法進行,接合周圍布
片。最後的布片嵌入四個邊。縫
份如圖所示倒向。

製作布塊B,與布塊A接合

縫至縫份的邊角,避開縫份後,
針穿入下個布片的邊角,繼續縫合。

製作布塊C,接合。

最後再接合另一片布塊C,即完成。

✳ 主題圖案周圍圍 2 圈縫法

縫份倒向

參照P.38，避開縫份，
嵌入縫合。請注意不要
弄錯縫合位置。

「祖母花園」圖案的周圍，一片一片地
依順序接合。若將每一圈排列深淺相間
配色，可呈現立體感，設計圖案有如花
朵綻放一般。

拼接方法

第1圈

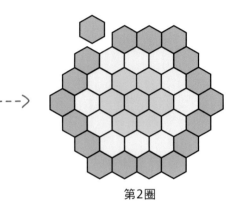

第2圈

✳ 隨機拼接縫法

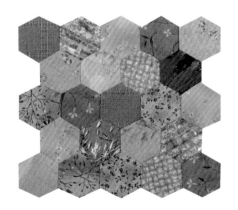

縫份倒向

拼接方法

六角形布片從記號處縫
合至記號處，縫份往同
一方向單邊倒向。縫合
布帶與布帶時，避開縫
份，嵌入縫合，往同一
方向單邊倒向。

六角形布片橫向連接，製作布帶，嵌入
縫合連接布帶與布帶。配色的重點在掌
握好布料的明亮度及鮮豔度，以及相似
的顏色花紋不相鄰排列。

縫份以風車狀倒向

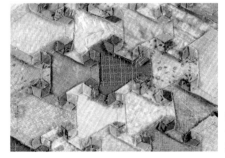

若在意縫份的厚度，如圖
倒向，可分散厚度，整體
排列更為清爽。

波奇包

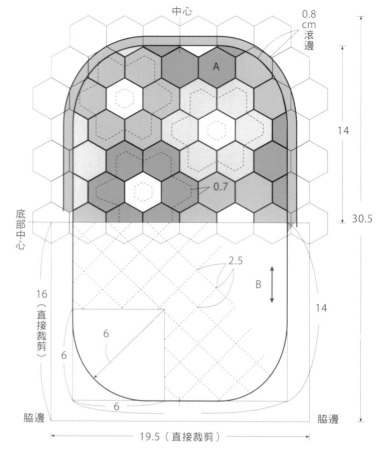

材料

各式拼布用零碼布　B用布25×20cm　滾邊用布
30×30cm　舖棉、裡布各35×25cm　長22cm拉
鍊1條

作法重點

● 滾邊的斜紋布帶參照P.21製作。
● A的原寸紙型請見特別附錄P.117。

中心

0.8
cm
滾邊

A

14

0.7

30.5

底部中心

側身縫法

脇邊

（背面）

0.8cm滾邊

22
cm
拉鍊

2.5

B

16
（直接裁剪）

14

6

6

6

脇邊

脇邊

19.5（直接裁剪）

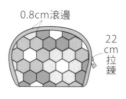

1

與A拼接完成的布塊與B相接，
製作表布。縫份往B側單邊倒向。

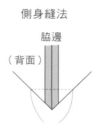

2

放上紙型，畫出周圍的完成線及
中心，使用量尺畫壓線線條。

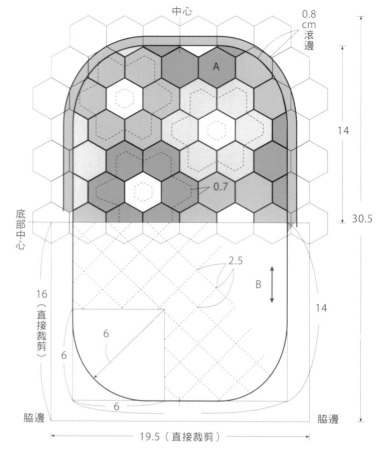

3

重疊舖棉及裡布，方向朝外，使
用珠針固定，疏縫。完成線的內
側也進行疏縫。

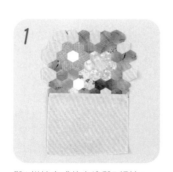

4

從中心向外側壓線。進行壓線到
完成線外側2針的位置。

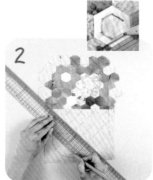

5

完成壓線後，放上紙型，重畫完成
線。只有弧形處周圍進行粗裁。

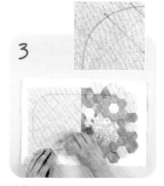

6

摺線上方進行車縫。珠針在
縫合前取下。

對齊完成線的記號與斜紋布帶的摺
線，使用珠針固定。始縫處摺
0.7cm。弧形處不拉長布帶對齊。

7

止縫處重疊於始縫處，摺45度後
裁切。

8

始縫處避開有厚度的位置及側身
縫合處。

拉布帶重疊部分，摺線切齊，包住縫份。

（背面）

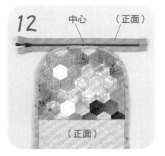

中心　（正面）

（正面）

就從裡拼片開始吧！

9 沿著斜紋布帶邊緣，裁齊周圍多餘縫份。

10 斜紋布帶翻回正面，包住縫份，使用珠針固定，進行藏針縫。

11 拉鍊正面相對對摺，在中心的正面作記號。

12 對齊本體與拉鍊中心，使用珠針固定。對齊拉鍊鍊齒下方與滾邊邊緣。

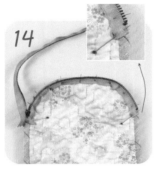

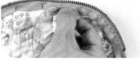

13 關起拉鍊的狀態，各半邊使用珠針固定。弧形處以小間距方式固定。

14 拉開拉鍊，邊緣往內摺，使用珠針固定。

15 從拉鍊邊緣出針，進行一針回針縫。以拉鍊的織紋為準，進行星止縫。

16 縫至拉鍊邊緣後，進行回針縫，繼續以千鳥縫縫合拉鍊布帶。

上止處

17 縫至邊緣後，收針打結，在預留距離處出針，拉線後隱藏打結處，剪線。

18 相反側也以相同作法使用珠針固定拉鍊，進行星止縫與千鳥縫。

19 翻回正面，對齊拉鍊的上止處。拉鍊邊緣入針，從滾邊邊緣出針，進行冂字藏針縫。

20 拉線後對齊，進行藏針縫。縫至邊緣後收針打結，在預留距離處出針，拉線後隱藏打結處。

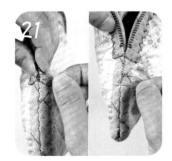

脇邊

底部中心

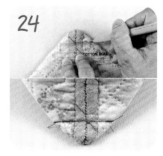

21 翻回背面，挑起拉鍊邊緣。為了讓包包挺立，直接在脇邊進行捲針縫。

22 翻回正面，在藏針縫始縫處，穿2、3針後縫合固定，使包包堅固挺立。另一邊的脇邊也以相同作法縫製。

23 對齊底部中心與脇邊，製作側身。看著正面對齊。

24 側身使用量尺測量，畫出記號後車縫。慢慢地縫合有厚度的縫份。

41

六角形拼接裁縫包
- - - - - - - - - - - - - - - -
攜帶方便的摺疊式包包。
以繩子圈住，
將鈕釦纏繞後封住袋口。

24×13cm
（展開尺寸為28×39cm）
作法P.43

針插背面加上魔鬼氈，
容易拿取。

內側附有3個口袋與線軸、針插。
也可以收納裁布用剪刀。
上方布內摺，不必擔心工具會掉落。

裁縫包

材料

各式拼接用零碼布　口袋A、C用布各25×20cm　口袋B用布30×20cm　裡布45×35cm　舖棉 60×50cm　寬1.3cm蕾絲25cm　寬2.5cm蕾絲 10cm　直徑0.3cm橡皮繩45cm　直徑0.3cm麻繩75cm　寬2cm的花朵造型鈕釦2個　直徑2.4cm的包釦裸釦1個　寬2.5cm的魔鬼氈、包釦用麻布、蕾絲布、毛線 適量

作法重點

● 口袋的裡布使用於表布及共用布。

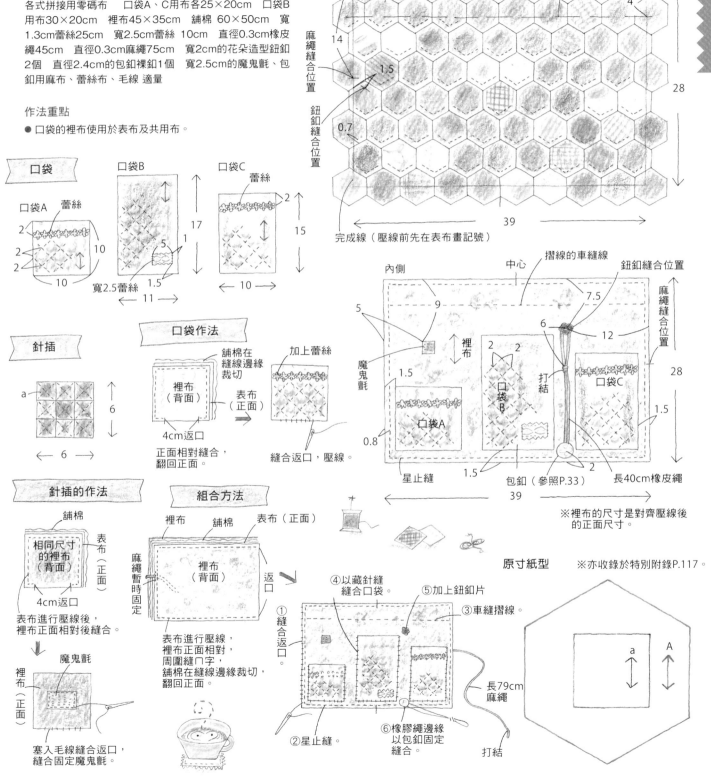

口袋

口袋A　蕾絲
2
2
2
10
10

口袋B
17
5
1
11
寬2.5蕾絲
1.5

口袋C　蕾絲
2
15
10

針插

a
6
6

口袋作法

舖棉在縫線邊緣裁切
裡布（背面）
表布（正面）
4cm返口

正面相對縫合，翻回正面。

加上蕾絲
縫合返口，壓線。

針插的作法

舖棉
相同尺寸的裡布（背面）
表布（正面）
4cm返口

表布進行壓線後，裡布正面相對後縫合。

魔鬼氈
裡布（正面）

塞入毛線縫合返口，縫合固定魔鬼氈。

組合方法

裡布　舖棉　表布（正面）
裡布（背面）
麻繩暫時固定
返口

表布進行壓線，裡布正面相對，周圍縫ㄇ字，舖棉在縫線邊緣裁切，翻回正面。

①縫合返口。
②星止縫。
③車縫摺線。
④以藏針縫縫合口袋。
⑤加上鈕釦片
⑥橡膠繩邊緣以包釦固定縫合。
長79cm麻繩
打結

正面　A　中心　摺線
14
1.5
0.7
麻繩縫合位置
鈕釦縫合位置
4
28
39
完成線（壓線前先在表布畫記號）

內側　中心　摺線的車縫線　鈕釦縫合位置
9
5
7.5
6
12
魔鬼氈
裡布
2　2
1.5
口袋B
打結
口袋C
口袋A
0.8
星止縫
1.5
包釦（參照P.33）
長40cm橡皮繩
2
28
1.5
麻繩縫合位置
39

※裡布的尺寸是對齊壓線後的正面尺寸。

原寸紙型　※亦收錄於特別附錄P.117。

a　A

就從單拼片開始吧！

各種圖案的 單拼片

本章介紹使用同一種類的布片，就能製作各式各樣的單拼片圖案。

＊ 圍籬

連接3片長方形的布片而成的小布塊，交替改變方向縫合。小布塊使用具有深淺色差的3種顏色規律地配色，就會浮現宛如階梯的圖案。

縫份倒向

製圖方法

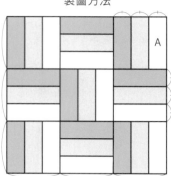

A

圖案縫法

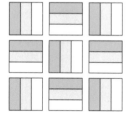

- - - - - - >

製作9片連接3片A的小布塊，各自連接3片，作成布帶。

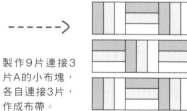

連接布帶。接合處不移位排列。

＊ 隨行杯

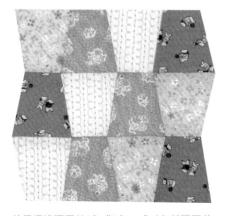

使用深淺不同的2色或3色、或以各種不同花紋的零碼布配色，可呈現有趣的氛圍。縫合鄰近布片，形成帶狀後拼接。

縫份倒向

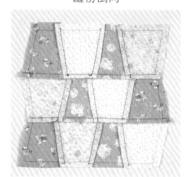

製圖方法

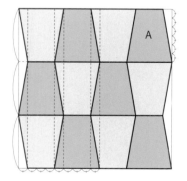

A

圖案縫法

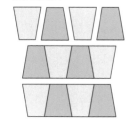

- - - - - - >

交替A的方向後接合，製作布帶。

連接布帶。接合處注意不要移位。

＊積木

使用深色、中間色、淡色組成立體積木的圖案。使用菱形布片3片製作六角形的小布塊，連接成帶狀後，嵌入縫合拼接。所有的布片在邊角的記號處止縫。

縫份倒向

菱形的畫法

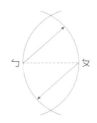

畫出想製作菱形的一邊長度（ㄅ至ㄆ），以此長度作為半徑畫出弧形，直線連接交點。

圖案的縫法

連接2片A，另一片A進行嵌入縫合，製作小布塊。
※全部的邊從記號處縫至記號處。

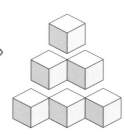

小布塊連接成帶狀的部分，進行嵌入縫合，接合。

＊捲線器

使用弧形呈現捲線器。所有的邊都是弧形，對齊記號相合，縫合出圓滑的線條。因為集合4片布片的交點處，縫份以風車形狀倒向，全部在記號處止縫。

縫份倒向

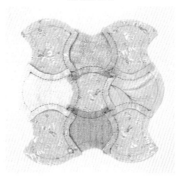

製圖方法

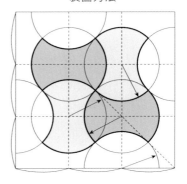

圖案縫法

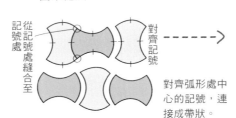

對齊弧形處中心的記號，連接成帶狀。

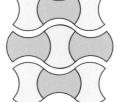

連接布帶。接合處請注意不要移位。

45

✳ 人字織紋

縫份倒向

製圖方法

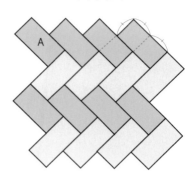

錯開長方形布片連接的圖案。製作重點在於一列一列地進行深淺相間的配色，重疊布片，呈現鋸齒狀。凹處在記號處止縫，使用嵌入縫合拼接。

圖案縫法

- - - - - - →

布片在記號處止縫，製作鋸齒狀布帶。

記號處止縫

布帶與布帶進行嵌入縫合拼接。

✳ 風 車

縫份倒向

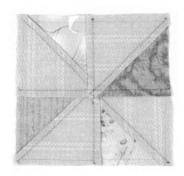

製圖方法

三角形布片以明亮度及顏色作出區隔，呈現風車的圖案。拼接連接2片三角形而成的4片小布塊。中心布片邊角的位置注意不要移位，使用珠針確實地固定。

圖案縫法

接合2片A，製作4片小布塊。

- - - - - →

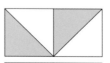

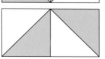

拼接接合2片小布塊而成的布帶。注意不要弄錯方向。

✳ 貝殼

貝殼形狀的弧形布片從上列依序進行貼布縫。
確實地對齊中心與邊角的記號,使用珠針固定,一片一片地進行藏針縫。
下部不進行藏針縫,使用疏縫密合。

紙型製作重點

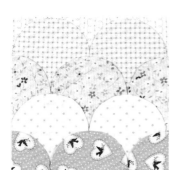

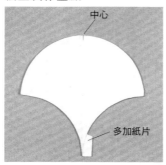

中心

多加紙片

下部的角細且尖,如同圖示,若多加紙片,紙型較不易受損。因為會使用熨斗熨燙,請勿選用塑膠材質。

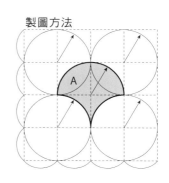

製圖方法

A

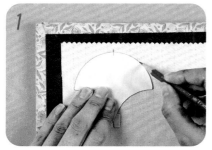

布的背面放上紙型,作記號。加縫份0.7cm。

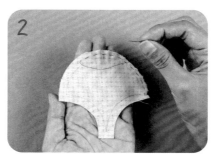

上部的弧形處縫份進行平針縫。打大一點的結。

背面放上紙型,確實地整平壓合,拉線。使用熨斗燙壓縫份,整理形狀。

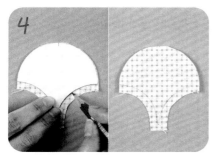

正面放上紙型,畫記號。別忘了畫上中心記號。

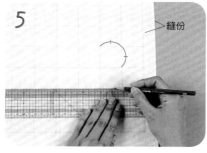

縫份

準備台布。布的表面畫上布片一半長度的格子,作為基準線。對齊這個格子的邊角與布片的記號,進行藏針縫。

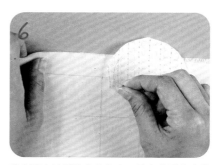

從上列布片開始放上台布。只有此列的布片不需要步驟2、3。

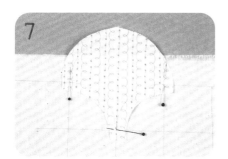

左右及下方邊角確實對齊格子的邊角,使用珠針固定。

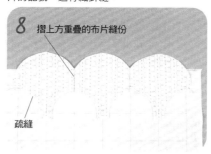

摺上方重疊的布片縫份

疏縫

固定橫向1列的布片,下方弧形的縫份進行疏縫。

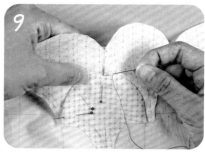

依前列的布片記號為準,對齊中心與左右的角,使用珠針固定,挑針至台布進行縱向藏針縫。

「貝殼」造型拼接包
- - - - - - - - - - - - - - - - - - - -
半圓型的單片布與完成接合圖案
的布料重疊，作出如同花苞的設
計。單片布與布片使用相同形狀
進行壓線。

吉永和香子　33×36cm
作法 P.49

相反側活用重疊部分，
製成口袋。

拼接包

材料

各式拼接用零碼布　黑色素布110×35cm（含底部、滾邊部分）　黃色滾邊用布　30×30cm　舖棉、裡布各100×55cm　寬3cm平織帶 100 cm

作法順序

拼接A製作側面⊖的表布→重疊舖棉與裡布，進行壓線→側面⊗與底部依相同方式進行壓線→進行滾邊→重疊⊖與⊗，進行藏針縫→底部正面相對縫合（側面縮縫）→加上提把。

作法順序

● 底部縫份使用斜紋布帶進行包邊處理（參照P.99）。

＊原寸紙型B面⑩
側面原寸紙型

側面組合方法

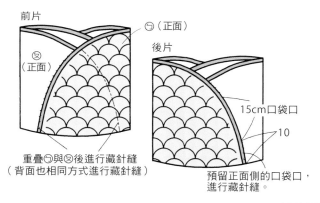

前片

⊗（正面）

⊖（正面）

後片

15cm口袋口

10

重疊⊖與⊗後進行藏針縫
（背面也相同方式進行藏針縫）

預留正面側的口袋口，進行藏針縫。

提把縫合方法

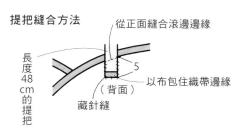

長度48cm的提把

從正面縫合滾邊邊緣

5

以布包住織帶邊緣

（背面）

藏針縫

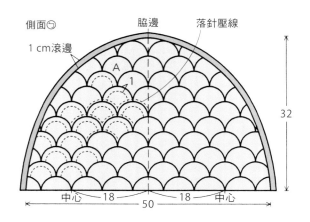

側面⊖

脇邊

落針壓線

1 cm滾邊

A

1

32

中心　18　50　18　中心

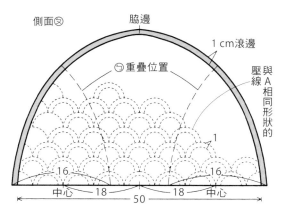

側面⊗

脇邊

1 cm滾邊

⊖重疊位置

壓線與A相同形狀的

1

16　16

中心　18　50　18　中心

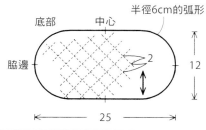

底部

中心

半徑6cm的弧形

脇邊

2

12

25

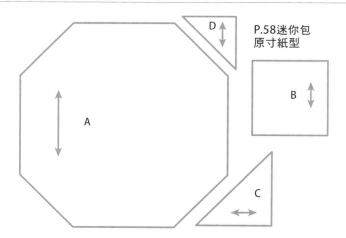

D

P.58迷你包
原寸紙型

B

A

C

49

必學
拼布圖案縫法

掌握本章介紹的重點，
就能應用在各種圖案上。
一起精進實用的縫法技巧吧！

✳ 檸檬星 ⋯⋯布片集中的圖案

以菱形的布片A呈現星星
的圖案。這個圖案邊角集
中在中心處，縫合重點在
於邊角不移位。另外，還
有周圍三角形布片B與正
方形的布片C的嵌入縫合
縫法。

製圖方法

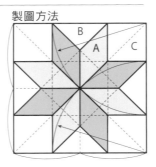

縫份倒向

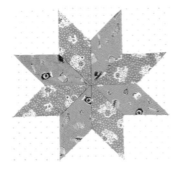

準備2片A。確認配色。

2片正面相對，對齊記號，使用珠針固定。從記號處縫合到布邊。

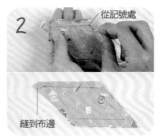

裁齊縫份，右側的布片側單邊倒向。製作相同的小布塊4片。

準備2片小布塊。

2片正面相對，使用珠針固定，從記號處縫到布邊。縫份與步驟3相同方向倒向。

準備步驟5的布塊2片。

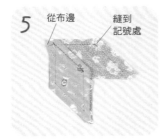

2片正面相對，使用珠針固定。布片的邊角集中到中心，看著正面側入針。

從記號處開始縫合，中心進行一針回針縫。因為縫份有厚度，一針一針地垂直入針。

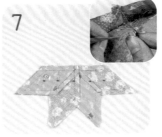

自記號處縫到記號處。

上下左右的凹處嵌入縫合B。

第一個邊使用珠針固定。背面的縫份以不縫合的方式避開縫份。

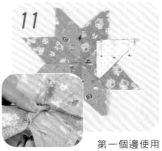

從布邊縫到邊角。邊角進行一針回針縫。

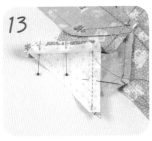

13

不剪線，暫時停針，下個邊使用珠針固定。

14

縫到布邊。

15

完成嵌入縫合。縫份倒向A側。剩下3片也以相同方式縫合。

16

4片C也與B相同方式嵌入縫合。

中心呈風車形狀的倒法

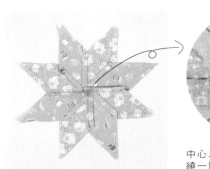

中心以風車形狀（相同方向繞一圈）倒向，可分散縫份的厚度。

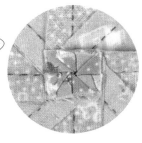

1

準備2片A。正面相對，使用珠針固定，從記號處縫到記號處。

縫到記號處　　從記號處

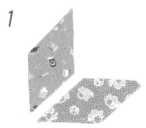

2

2片小布塊正面相對，從記號處縫到記號處（避開縫份）。縫份往同一方向倒向。

從記號處

縫到記號處

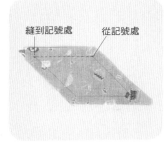

3

2片正面相對，使用珠針固定。先不縫縫份。

避開縫份

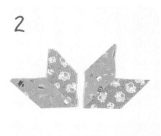

4

自記號處縫到中心，進行一針回針縫，拉緊線。

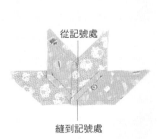

5

避開縫份後，在下個邊的角出針，繼續縫合。

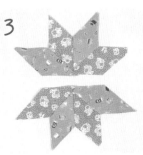

6

相反側確認沒有移位後，縫合。

7

自記號處縫到記號處。縫份繞一圈往同一方向倒向。

縫記號處　　從記號處

51

✳ 八角星 ‧‧‧‧作出尖角

以中心的正方形C與細長直角三角形BB'製作星星圖案。
為了確實製作出三角形布片的角,重點在對齊記號後,使用珠針固定。
配色選用讓圖案醒目的顏色。

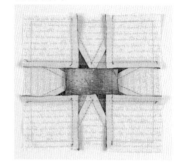

縫份倒向

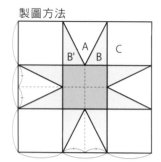

製圖方法

1
準備A、B、B'。注意布片方向,
不要弄錯。

2
首先A與B正面相對疊合,對齊記
號,角與中心使用珠針固定。從
布邊縫合到布邊。

3
裁齊縫份,往B側單邊倒向。

4
接著,B'正面相對疊合,使用珠
針固定縫合。看著正面,珠針在
接合處入針。

5
縫份往B'側單邊倒向。接著左右
接合C。

6
步驟4的小布塊與C正面相對疊
合,使用珠針固定記號處,從布
邊縫到布邊。

7
另一片C也以相同方式縫合。縫份
往小布塊側單邊倒向。製作兩片。

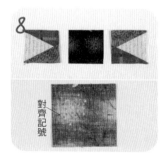

8
準備2片步驟4的小布塊與中心的
C。C在邊的中心畫出對齊記號。

9
小布塊與C正面相對疊合,使用
珠針固定。接合處的邊角穿針,
對齊C的記號。

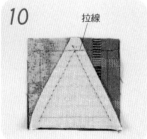

10
從布邊縫到布邊。因為A的縫份
沒有記號,若使用量尺先畫線會
較容易縫製。

11
步驟10的縫份往小布塊側倒向。
完成3片布帶。

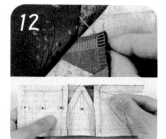

12
布帶2片正面相對疊合,使用珠
針固定記號處,進行縫合。接合
處進行回針縫。

✳ 雪球 ····弧形縫法

使用深淺色相間的2種種類弧形布片製作，
連接許多布片後，會呈現球形。
想要完成漂亮的弧形，重點在於對齊記號相合，以間隔小的距離固定珠針。

縫份倒向

製圖方法

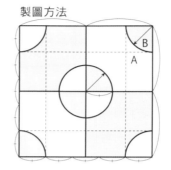

※弧形的縫份縫合後，會較難裁齊，
　建議在此先加寬度製作。

1 準備已畫好對齊記號的弧形邊紙型，放於布料背面畫記號，別忘了也要畫對齊記號。

2 預留縫份0.7cm，裁切布片。弧形的縫份。
※若少些分量，較容易正面相疊合。

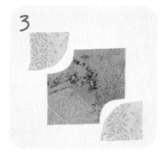

3 A連接2片B，製作正方形的小布塊。

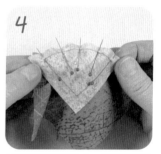

4 A與B正面相對疊合，對齊兩邊的角與合印，使用珠針固定。

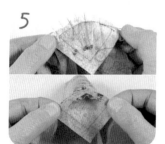

5 固定中間部分，從布邊縫合到布邊。始縫處及止縫處進行回針縫，縫份往B側單邊倒向。

6 各別製作變換配色的小布塊2片，如圖排列。請先2片2片地接合。

7 2片正面相對疊合，對齊兩邊的角、接合處，使用珠針固定。注意接合處不移位，也確認正面側。

8 中間位置也使用珠針固定。

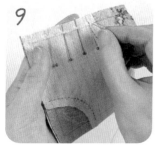

9 從布邊開始縫合。縫份重疊的部分因為有厚度，請使用上下針法一針一針縫合。

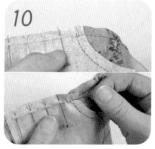

10 接合處的回針縫，也一針一針地縫合，稍微拉緊線，縫到布邊。

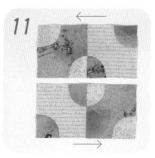

11 完成兩片帶狀的布塊。縫份如同箭號，上下交替排列倒向。

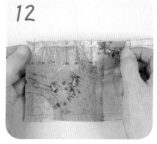

12 布塊正面相對疊合，對齊記號後，使用珠針固定縫合。接合處進行一針回針縫。

✳ 蜂巢 ····嵌入縫合

使用2片梯形布片製作的圖案方向交替變化排列。
注意集合在中心的邊角不要移位,進行縫合。
三角形的布片嵌入縫合。
2片花紋圖案布片使用明亮度及顏色作出區隔。

縫份倒向

製圖方法

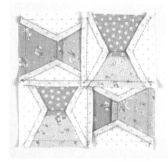
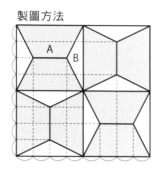

1 準備2片A。

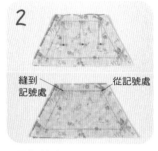

2 正面相對重2片,對齊記號,邊角與中心使用珠針固定。從記號處縫到記號處。

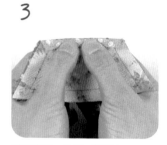

3 裁齊縫份,往某一邊倒向。

4 準備2片B,嵌入縫合。

5 先對齊第一個邊的記號,使用珠針固定。接合處確實地插入針,避開步驟3倒向的縫份。

6 從布邊縫合到邊角的記號。邊角進行一針回針縫。不縫合避開的縫份。

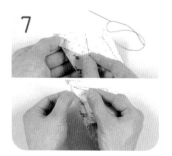

7 停針,對齊下一個邊,使用珠針固定。避開縫份,縫到布邊後,進行回針縫。

8 另一片B也以相同方式縫合。裁齊縫份,往A側單邊倒向。

9 製作4片小布塊,縫合上下各2片後進行拼接。

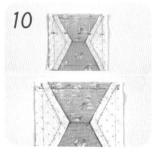

10 2片小布塊正面相對疊合,對齊記號後,使用珠針固定。從布邊縫合到布邊。

11 完成2片帶狀的布塊。上下的布帶縫份交替倒向。

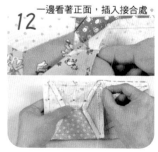

一邊看著正面,插入接合處。

12 正面相對疊合2片,使用珠針固定記號處,進行縫合。接合處進行一針回針縫。

54

✳ 八角形 ‥‥連續嵌入縫合

連接八角形A欲製作的寬度片數後，製作橫向布帶，嵌入縫合B。
進行配色時，以八角形布片為主角，
B的布片使用八角形與顏色的深淺、花紋的密度作出區隔，
可拼接出整體感和諧的圖案設計。

縫份倒向

製圖方法

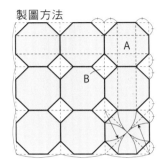

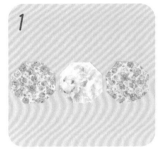

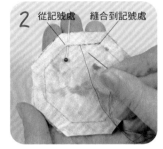

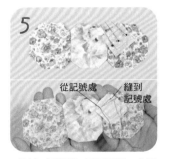

1
準備3片預留0.7cm左右縫份的A。

2 從記號處　縫合到記號處
2片正面相對後，使用珠針固定記號處，從記號處縫合到記號處。

3
裁齊縫份，縫線處2片一起摺之後，單邊倒向。

4
縫合3片。接著嵌入縫合B。A製作需要的片數。

5 從記號處　縫到記號處
B的第1個邊與A正面相對，作記號後，縫合至第1個邊的角，進行回針縫。不剪線，休針。

6
對齊第2個邊，使用珠針固定，縫合到邊角。止縫處進行一針回針縫。

7
另一片的B也以相同方法縫製。這裡嵌入縫合A的布帶，接合。

8
不剪線，與步驟5、6相同作法，一邊一邊使用珠針固定，繼續縫合。

9
嵌入縫合B。

10
縫份如圖所示倒向。A的布帶縫份盡可能平整地交替倒向。

11
縫合A的布帶。重覆這個步驟，製作出需要的尺寸。

圖案製作成四角形時，在四個角連接B的1/4、其他以外的凹處連接B的一半的三角布片。

必學拼布圖案縫法

✳ 小木屋 ‥‥‥從中心開始繞圈朝外側縫合

布料裁成長條帶狀，接合時進行裁布。
配色時以深淺色作出區隔，畫出斜向分割線條。

縫份倒向

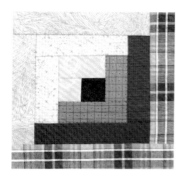

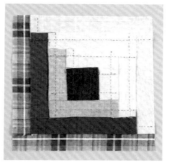

製圖方法

	F	
	D	
	B	
	A	
	C	
	E	
	G	

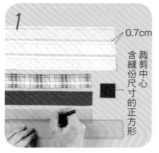

1

0.7cm

裁剪中心含縫份尺寸的正方形

在想要製作的布帶寬度兩側加上0.7cm的縫份後裁切，只在單邊的背面畫上縫線記號。中心的布片裁成正方形。

2

正方形布料上布帶正面相對疊合，對齊布邊，使用珠針固定記號處，進行平針縫。

3

縫合到正方形的布邊，進行回針縫後收針打結。對齊正方形後，裁切多餘的布帶。

4

縫份朝布塊的外側單邊倒向。

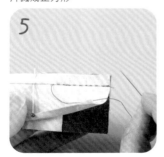

5

步驟4的布片翻回正面，接合與步驟2連接完成的相同布帶。

6

縫合到布片邊緣後，翻回背面，沿著布片的邊緣，裁切多餘布帶。

7

重疊步驟5與6，相同布帶呈L形連接。放上布帶時，確實地與布邊對齊。

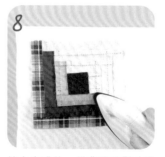

8

縫合完成後，從背面以熨斗邊壓，使縫份平整。

9

在背面畫上周圍的完成線。從最外側的縫線開始測量布帶的寬度，畫上記號。

製作重點！

裁切布帶時，使用滾刀，快速製作。對摺布料，放上量尺，進行裁切。

布塊的數量少、想利用小塊零碼布時，建議使用紙型裁切布片。

✳ 法院的階梯

···· 從中心開始，上下左右交替縫合。

此圖形同樣為小木屋圖案的一種。
中心的正方形與上下左右的對邊布片交替縫合，慢慢地往外變大。
縫份皆向外側單邊倒向。

縫份倒向

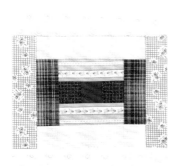
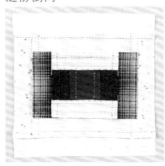

製圖方法

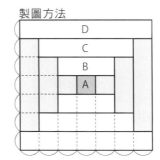

中心的正方型準備含縫份的尺寸。

中心的布片與布帶正面相對疊合，對齊布邊，使用珠針固定記號處。記號上方進行平針縫。

縫合至中心布片的布邊，收針打結，沿著布邊裁切布帶。布片翻回正面。

對邊也縫合與步驟2一樣的布帶。縫份向外側單邊倒向。接著在長邊縫合第二片布帶。

第2片的布帶正面相對，與步驟2一樣，在布帶記號上方進行平針縫。對齊小布塊，裁切多餘的布帶。

布帶翻回正面，縫份向外側倒向。對面也以相同方式縫合。

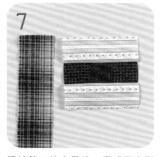

連接第二片布帶後，變成正方形的小布塊。接著左右方向接合第3片布帶。此步驟重疊至最後的布帶。

改變分割配置的法院的階梯圖案

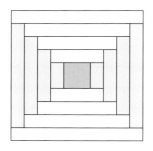
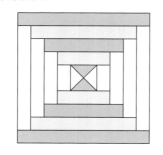

製圖方法

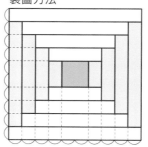

圖案連接順序

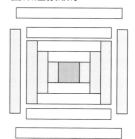

「八角形」造型迷你包

繽紛的零碼布配色，可愛的設計，因為側身寬，也適合當作便當袋使用。

後藤洋子　17.5×33cm

材料

各式拼接用零碼布　E用布25×15cm　舖棉60×40cm　裡布50×40cm（含提把補強布）　提把用布35×15cm　滾邊用布30×30cm　直徑1cm磁釦1組（縫合型）

作法順序

拼接A至E，製作表布→重疊舖棉與裡布，壓線→從底部中心正面相對摺入，縫合脇邊→縫合側身→滾邊袋口→加上提把→縫上磁釦。

作法順序

● 縫份處理方法參照P.71。
● A至D的原寸紙型參照P.49。

提把縫合位置

中心
5　5
C　D
A
0.4
B
16.5
22

脇邊
1.5　E
底部中心摺雙
5.5
脇邊
22
33

組合方法

（背面）
摺雙
①縫合兩脇邊。

（背面）
脇邊
②縫合側身。

提把

（4片）（直接裁剪）

3
33

① 舖棉
0.5
2片正面相對縫合，舖棉在縫線邊緣裁切。

② 0.2　2
翻回正面，車縫。

提把的縫合方法

1cm滾邊
提把
中心
1.5　背面　2.5　3.5　以藏針縫縫合提把補強布
藏針縫　磁釦

58

材料（1件的用量）

各式拼接用零碼布　B、C用布55×25cm　E用布35×25cm（含A、D部分）
圓點圖案110×50cm（含裡布部分）　舖棉、裡布各50×50cm　36cm拉鍊1條

作法順序

拼接A至C與D至F，連接圖案4片及布帶，周圍連接G、H，製作正面的表布→重疊舖棉與裡布，壓線。→裡布加上拉鍊，正面相對疊合，縫合周圍（此時先拉開拉鍊）。

＊A至F的原寸紙型B面⑪

「檸檬星」造型抱枕

- -

相同設計的抱枕，改變風格配色。圖案的花紋使用2種顏色，簡單拼接。

左　德田昌代　右　辻信子
（共同指導2件作品／Quilt Studio Be you）

42×42㎝（2件作品相同）

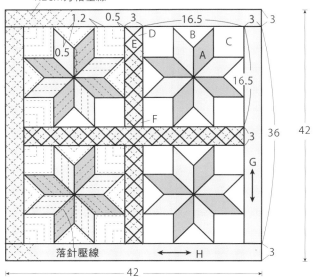

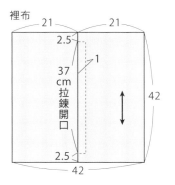

預留拉鍊開口，縫合上下（開口處疏縫）

下方布料的縫份拉0.3cm，縫上拉鍊。

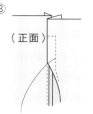

上方布料翻回正面，縫上拉鍊。

「蜂巢」造型口金包

對齊2片製作而成的扁平型口金包。圖案
部分使用小碎花圖案的布料，呈現華麗
設計。

志水由梨　12×16cm

afterﾑ
Rabbit and
other side of

材料

各式拼接、貼布縫用零碼布　CC'用布35×15cm（含
後片部分）　薄鋪棉、裡布各45×20cm　裡袋用布
40×15cm　寬12cm口金1個

作法順序

拼接A與B，製作6片布塊，3×2方式連接→與CC'連
接，製作前片表布→重疊鋪棉與裡布，壓線→參照
P.61製作本體，加上口金。

*前片與後片原寸紙型B面⑫

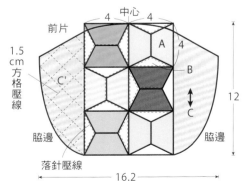

前片

中心

1.5
cm
方格
壓線

脇邊

落針壓線

C'

A

B

C

4 4 4

12

16.2

脇邊

※以後片與前片相同尺寸的單片布裁切，
　以2cm的方格壓線。

※裡袋與本體以相同尺寸的單片布裁切。

口金波奇包　指導／大畑美佳

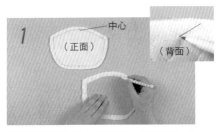

1

中心
（正面）
（背面）

準備2片壓線完成的側面。正面放上紙型，畫出中心與完成線。在背面側使用從正面插入中心的針作出點的記號，以此為標記，放上紙型，畫出完成線。

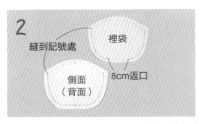

2

縫到記號處
裡袋
側面
（背面）
8cm返口

側面2片正面相對疊合，從角的記號縫到角的記號。裡袋在底部預留8cm返口，一樣縫到記號的邊角。

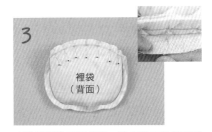

3

裡袋
（背面）

本體與裡袋正面相對，對齊袋口的記號與記號處，使用珠針固定。壓開脇邊的縫份。從正面確認中心沒有移位，固定。

4

記號上方車縫。在縫合前取下珠針。弧形部分慢慢地縫合。

5

縫合結束後，裁齊袋口縫份1cm。

6

翻回正面後，袋口處從布邊起算0.2cm處車縫。縫份重疊部分，以錐子按壓，慢慢縫合。

製作訣竅

7

0.2
（正面）

由於以車縫方式壓住袋口縫份，所以厚度消失。返口進行藏針縫，完成本體。

安裝口金前，放入本體後，以紙膠帶暫時固定，確認是否有確實嵌入。此步驟若無法嵌入時，請再次調整形狀及尺寸。

8

口金的溝槽塗上黏著劑（使用Kanestic黏著劑），使用牙籤均勻地塗滿整體。也可以使用水性黏著劑。單邊單邊地嵌入本體。

9

本體的中心

從正面對齊口金與本體（中心進行疏縫，先畫上記號）的中心，使用一字起子的頭將本體壓到底。背面也從中心壓入，接著壓入脇邊。

10

本體與口金的溝槽空隙，以一字起子自中心壓入口金長度的紙繩。接著朝著左右方向壓入。注意不要傷到口金。

11

注意不要讓本體移位，以鉗子壓住口金脇邊。不要傷到口金邊緣，夾入布片後再以鉗子壓合。

61

貼布縫製作方法

讓作品呈現更完美的貼布縫作法。

1 製作主題圖案用紙型

● 貼於厚紙

將影印的圖案貼於厚紙上方，沿著線，仔細地裁剪。使用不易讓紙張產生皺褶的膠水

● 複寫

圖案上方疊上厚描圖紙。請注意勿讓紙張移位，以紙鎮固定，使用鉛筆複寫圖案後裁切。塑膠片碰到熨斗會融化，製作形狀時請不要使用。

描圖紙的紙型看得見透出來的圖案，方便使用在布的正面作記號。

2 台布上複寫主題圖案

● 淺色布料

放上布料…圖案上方重疊台布，使用紙鎮固定，複寫圖案。使用熨斗或水記號會消失的筆，不會留下痕跡，進行藏針縫後，呈現乾淨的布面。

● 深色布料

使用美工用複寫紙…將圖案以珠針固定於底布，中間放上複寫紙，將其光滑面朝下，使用鐵筆在上方描繪圖案。

使用紙型…若是簡單的圖案，主題圖案用紙一個一個放於台布正面，以鉛筆作記號。一邊看著圖片，一邊確認位置。

3 製作圖案布料

● 製作形狀時

事先製作主題圖案形狀時，將翻面的紙型放於布料背面，畫記號。加上0.5cm的縫份後裁切。

製作重點！

● 一邊摺入縫份，一邊進行藏針縫。

布的正面放上紙型，畫記號，加上0.3至0.5cm縫份後裁切。

使用有弧形的紙型進行裁切主題圖案布料時，若弧形的邊對上斜紋布（斜45度），即可完成美麗的弧形。

4 台布上暫時固定圖案

● 使用珠針固定

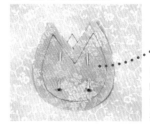

在暫時固定小片主題圖案時，若使用小頭長度短的珠針，在進行藏針縫時就不會被擋到。

● 以口紅膠貼合

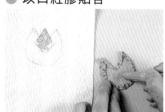

亦有使用布用口紅膠暫時固定的方法。

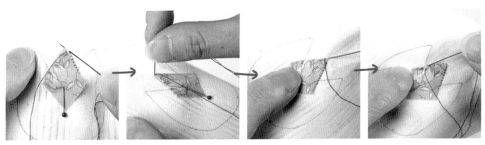 待機

5 製作貼布縫…在主題圖案進行藏針縫時有2種方法。

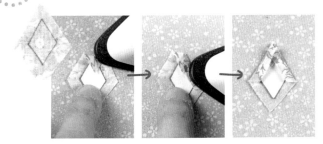

銳角的角與凹處，使用有平滑弧形的花朵圖案說明。從下方的圖案依順序進行藏針縫。

1 布料背面畫記號後裁切，在主題圖案布放上紙型，上方的邊角縫份沿著紙型摺入，以熨斗燙壓。接著摺左右方向的縫份，摺出摺線，移開紙型。

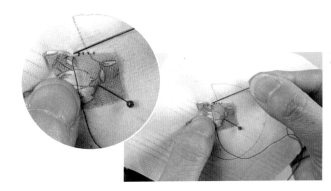

縫線使用搭配主題的顏色，讓縫線不明顯。

2 對齊台布的記號，使用珠針固定。重疊於上方的圖案往稍微靠自己的位置開始進行藏針縫。在很接近山摺處的位置出針，在正上方的台布入針後挑布，從山摺處出針。若與縫合的邊呈垂直角度進行藏針縫，針趾則會變得整齊。

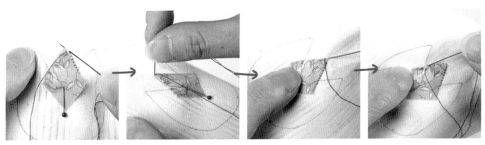

3 邊角的頂點穿針，插入正上方的台布。直接挑起台布，在下個邊的圖案布上出針。與藏針縫的始縫處相同作法，在台布記號的稍微前方位置進行藏針縫。針趾間隔統一0.2至0.3cm，可整齊地呈現縫線。

4 製作重疊上方的圖案。凹處的縫份開切口，弧形處的縫份進行平針縫。

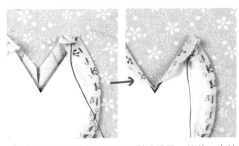

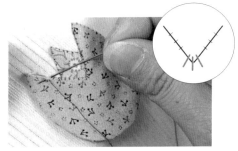

5 放上紙型，拉緊平針縫縫合完成的線。沿著紙型作出弧形後，以熨斗燙壓，確實地摺出摺線。

6 直角與縫份垂直摺疊，以熨斗燙壓。接著，直線部分的縫份沿著紙型摺疊，以熨斗燙壓。重點在邊角作出漂亮形狀。

7 置於台布的記號上方，從離直線近的位置開始進行藏針縫。邊角使用步驟3相同方式進行藏針縫，凹處的角如同畫插畫一樣，縫線集中在凹處。主題圖案重疊部分只挑主題圖案布。

縫份內摺方法

 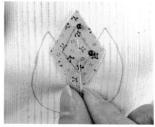

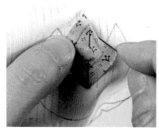 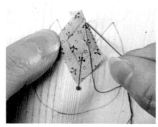

1 在布的正面畫上記號，對齊裁好的主題圖案布及台布記號的頂點，插入珠針。左右的角也以相同方式對齊，主題圖案布料記號確實對齊台布記號後，中心使用珠針固定。取下一開始的珠針。

2 使用針尖摺入縫份，從重疊的主題圖案布記號稍微前方位置，開始進行藏針縫。完成至邊角後，從頂點出針。

 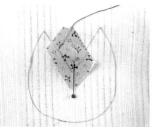

3 沿著下個邊裁切突出的多餘縫份，與頂點呈垂直方向摺縫份。

4 使用針尖摺入縫份，以手指按壓。在頂點的正上方的台布入針，挑台布後，從主題圖案的下個邊出針後，進行藏針縫。

〈 結束藏針縫後的收尾處理 〉

5 重疊於上方的主題圖案也以相同方式裁切，凹處與弧形處的縫份開幾處切口。

6 與步驟1相同方式，使用珠針固定。以針尖摺入縫份後，進行藏針縫，尖角依步驟2至4，凹角處與P.63的步驟7相同作法進行藏針縫。

重疊鋪棉時，若在主題圖案布直接放上鋪棉，成品會變得蓬鬆，請裁剪在主題圖案布下方的台布。一邊注意請勿裁剪到主題圖案布，一邊加上縫份，以剪刀裁剪一圈。

不同主題圖案形狀的重點解說

● 內凹弧形

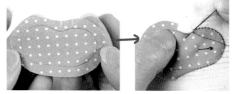

如同花瓣般的主題圖案，製作形狀進行藏針縫時，在凹處部分一邊摺入縫份，在進行藏針縫時，周圍的縫份整體開切口後，進行藏針縫。

● 弧形的莖

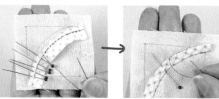 

摺入邊緣的縫份

以加上莖一半寬度左右的縫份長度裁剪斜紋布帶所需長度，與台布凹處的記號正面相對，進行平針縫。

翻回正面，對齊台布的突起處記號，以針尖摺入主題圖案布後進行藏針縫。以拼接等方式，不縫入莖的邊緣時，邊緣縫份如右側圖片所示，摺入內側收尾。

以貼布縫製作布塊

布塊製作／松尾 綠

🔲 蜜蜂

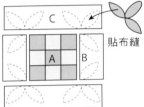

在A的九拼片上，依B→C的順序接合，（縫份往A側倒向）最後製作貼布縫。
※圖片改變部分分割配置。

🔲 提籃

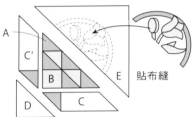

在AB的小布塊上，依AC、AC'的小布塊→D的順序接合，最後連接完成貼布縫的E。
（縫份倒向參照P.69）

🔲 戀人的庭院

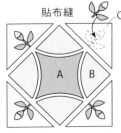

AB的小布塊接合完成貼布縫的C（縫份往B側倒向）。
※圖片是莖刺繡。

🔲 花圈

在複寫圖案的台布上，依葉、莖、花的順序貼布縫。花蕊先在花上進行貼布縫。

※圖案是20×20cm。原寸紙型B面①②⑦⑨。

「戀人的庭院」造型迷你壁飾

圖案四角的花蕾設計了圓形花朵。不同布塊使用不同的花色，呈現生動活潑的氣息。

設計／今井雅子　製作／川崎裕子
47.5×47.5cm

材料
各式拼接、貼布縫用零碼布　拼接用布55×40cm
（含D的部分）　舖棉、裡布各55×55cm

作法順序
拼接A至C，進行貼布縫後製作4片圖案→接合D、E，製作表布→重疊舖棉及裡布，壓線→周圍滾邊。

作法重點
● 滾邊的作法參照P.21。

＊原寸紙型A面⑩
　A至C的原寸紙型

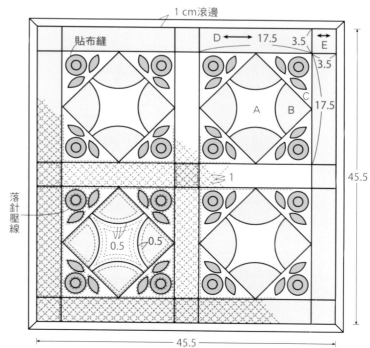

材料（1件的用量）

各式拼接（或是台布30X30cm）、貼布縫用零碼
布 鋪棉、裡布各30×30cm 內尺寸24×24cm相
框1個 厚紙25×25cm

作法順序

進行拼接、貼布縫後，製作表布。→重疊鋪棉及裡布
後壓線。→放上比相框的背板小的厚紙，穿線。→放
入相框。

作法重點

● 增加相框周圍的縫份。
● 右邊的相框可依喜好進行刺繡。

*原寸紙型A面⑨
  原寸貼布縫圖案

花圈造型相框

- -

將圓形花朵排列成花圈，裝框。中心以刺繡
裝飾也很美麗。

設計／佐藤尚子
製作／左 高津加津美 右 伊藤和子

內尺寸24×24cm（2件作品相同）

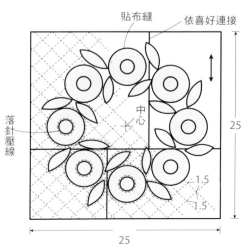

貼布縫　依喜好連接

落針壓線

中心

25

1.5

1.5

25

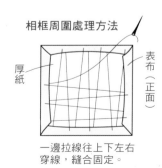

相框周圍處理方法

厚紙　表布（正面）

一邊拉線往上下左右
穿線，縫合固定。

變化版可愛圖案

本章集合了縫製時，令人感到開心的具象圖案
及有美感的設計。

 提籃　　　附提把的提籃呈現具體的圖案。　　　　　　　　　　　指導／円山くみ

自然素材的包包

提籃主題圖案
使用柔和色調的印花布。
運用亞麻布的本體抓褶，
製造蓬鬆感。
採用縫合另一片底部的設計，
收納力十足。

円山くみ
21×47cm
作法流程P.70

大開口處，
縫上附四合釦的釦絆。
後側也加了口袋。

圖案的縫法

請注意三角形與正方形布片的角勿移位，縫合。
提把使用裁切好的斜紋布製作貼布縫。

縫份倒向

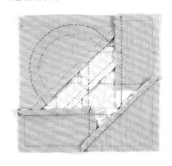

※提把準備裁切好的寬2倍
長的斜紋布帶（長度測量
外側的邊），先使用滾邊
器摺縫份（參照P.21）。

製圖方法　　貼布縫

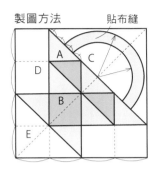

1

縫合提籃的本體部分。先準備3
片A。

2

正面相對疊合2片，對齊記號後，
邊角與中心使用珠針固定。從布
邊縫到布邊。

3
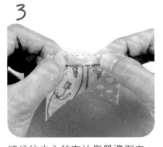

縫份往中心的布片側單邊倒向。
另一片也以相同方式縫合，往中
心側單邊倒向。

4

相同地，兩邊接合A。縫份如圖
倒向。

5

準備2片A與B，與步驟2相同方
式縫合。縫份如圖倒向。

6

接合2片的小布塊後，製作提籃
本體。布片的角與角注意不要
移位。

7

正面相對疊合後，記號的角、接
合處使用珠針固定。從布邊縫
合，在接合處進行一針回針縫，
防止移位。

8
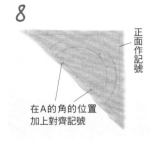

正面作記號

在A的角的位置
加上對齊記號

準備正面畫好提把圖案的C。製作
貼布縫後，縫合步驟7的小布塊。

變化版可愛圖案

9
0.7cm
0.5cm
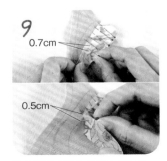

貼布縫用布※在摺線上留0.7cm
的間隔，C留0.5cm的間隔，在內
側記號處插入珠針，縮縫固定。

10

細針趾方式縫合（上）。翻回正
面，對齊外側的弧形記號後，進
行藏針縫（下）。

11
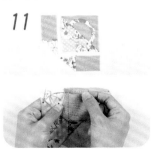

接著，連接2片A、D的小布塊。
接合處與接合處重疊位置進行回
針縫（下）。

12

縫份往內側
倒向

最後，接合E，完成。從布邊縫
合到布邊。

69

包包

材料
各式拼接用零碼布 F、G用麻布110×50cm（含I、底部、提把、釦絆、貼邊、口袋部分） 雙膠鋪棉100×50cm 裡布110×50cm 厚貼布襯 50×30cm 寬1cm蕾絲50cm 直徑1.8cm四合釦2組 8號米色繡線適量

作法重點
● G的壓線使用繡線。
● 準備2片貼邊的布襯 直接裁剪49×5cm。
● 在鋪棉縫線邊緣裁剪提把與釦絆後，翻回正面。

＊原寸紙型B面⑧
　A至E的原寸紙型

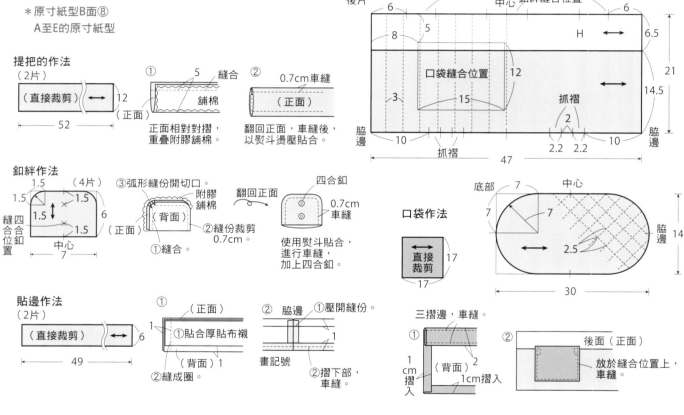

提把的作法
（2片）

（直接裁剪）↔ 12
52

① 5 縫合 鋪棉（正面）
正面相對對摺，重疊附膠鋪棉。

② 0.7cm車縫（正面）
翻回正面，車縫後，以熨斗燙壓貼合。

釦絆作法
（4片）
1.5 1.5 1.5
1.5 1.5 6
縫合四合釦位置
中心 7

③弧形縫份開切口。
附膠鋪棉（背面）（正面）
②縫份裁剪0.7cm
①縫合。

翻回正面
四合釦
0.7cm車縫
使用熨斗貼合，進行車縫，加上四合釦。

口袋作法
直接裁剪 ↔ 17
17

底部 7 中心
7 7
脇邊 14
2.5
30

① 三摺邊，車縫。
1cm摺入（背面）2 1cm摺入

② 後面（正面）
放於縫合位置上，車縫。

貼邊作法
（2片）
（直接裁剪）↔ 6
49

① （正面）
1 ①貼合厚貼布襯（背面）1
②縫成圈。

② 脇邊 ①壓開縫份。
1 1 畫記號
②摺下部，車縫。

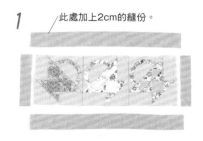

1
此處加上2cm的縫份。

製作前片的表布。連接3片圖案，左右方向縫合F、上下方向縫合G。縫份往外側倒向。

2
畫上壓線線條。

3
脇邊及底側的裡布先不貼合鋪棉。

雙面附膠鋪棉與裡布重疊，以熨斗壓燙，貼合。從背面也以熨斗壓燙。※在脇邊及底部縫份增加裡布。

4

進行壓線，使用星止縫縫合蕾絲。G的壓線使用繡線。

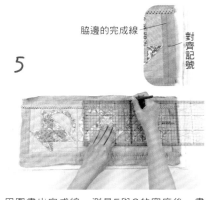

5

脇邊的完成線
對齊記號

周圍畫出完成線。測量F與G的寬度後，畫線。脇邊的完成線中心畫上對齊記號。（後片也以相同作法製作）。

6

在背面畫脇邊與底部的完成線的記號。正面的記號處插入數根珠針（右），翻面後，在針的位置放上量尺畫線。

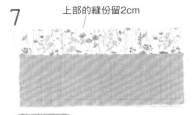

7

上部的縫份留2cm

完成線

後片也與前片以相同作法製作。下部在正面先畫完成線，進行壓線到稍微外側的位置。

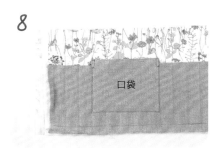

8

口袋

參照P.70，準備口袋，車縫。

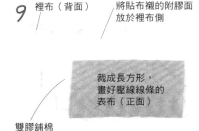

9

裡布（背面）
將貼布襯的附膠面放於裡布側

裁成長方形，畫好壓線線條的表布（正面）

雙膠鋪棉

製作底部。從上方開始依表布、雙膠鋪棉、厚貼布襯、裡布的順序疊合。

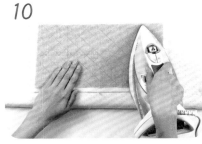

10

以熨斗燙壓。正面與背面，自兩面以熨斗燙壓貼合。

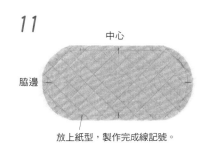

11

中心

脇邊

放上紙型，製作完成線記號。

車縫壓線，畫好完成線，預留縫份後，裁切周圍多餘的部分。

12

縫合前片與後片的脇邊。正面相對，使用珠針固定角的記號、對齊記號、中間處。

13

進行車縫。珠針在縫合前取下。

14

處理縫份。在前片或後片其中一片的裡布預留2cm，其他縫份裁齊0.7cm。

15

以多餘的裡布包住縫份。縫份往單邊倒向，使用珠針固定，進行藏針縫。

變化版可愛圖案

16 底側抓褶。縫份側與本體側的2個位置進行疏縫（取2股疏縫線進行回針縫）。

17 與底部正面相對，對齊中心與脇邊的記號，使用珠針固定，進行疏縫。取兩股線，稍微往縫份側縫合。

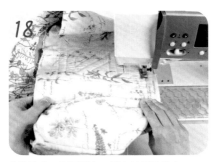

18 車縫縫合。側面朝上，從直線開始縫合。

19 弧形處將手放入本體內調整形狀，慢慢地進行縫合。

20 側面的裡布裁剪2.5cm、其他縫份裁剪0.7cm。以裡布包住縫份，往底部倒向後，進行藏針縫。

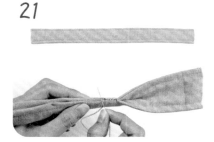

21 參照P.70製作提把。中心寬度摺半後，以捲針縫縫合32cm的長度。

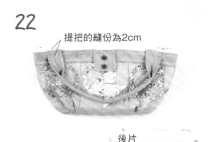

22 本體袋口暫時固定提把與釦絆。請注意不要弄錯釦絆的方向。

提把的縫份為2cm

後片

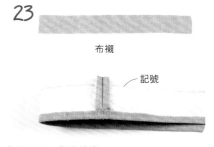

23 參照P.70，製作貼邊。

布襯

記號

24 貼邊正面相對疊合於本體袋口。對齊記號，使用珠針固定一圈。

脇邊 脇邊

車縫縫合。

26 袋口縫份裁齊2cm。

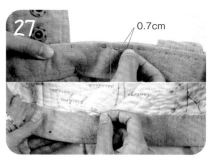

27 貼邊從縫線處翻回正面後，往內側摺，自袋口起算0.7cm的位置進行星止縫（上）。最後在裡布上進行藏針縫，縫合貼邊的邊緣（下）。

0.7cm

茶壺保溫套與
可作為收納盒的茶壺隔熱墊

搭配亞麻布與liberty 印花布，
成組的清爽配色作品。
扣起隔熱墊的鈕釦，
就變身成收納盒。
將茶壺保溫套與內套一起使用，
可增加保溫效果。

円山くみ
茶壺保溫套 20×23cm
茶壺隔熱墊 32×32cm
作法P.74

小型的收納盒集合了
4個「郵票提籃」圖案。

茶壺保溫套與茶壺隔熱墊

材料

茶壺保溫套 各式拼接用零碼布 亞麻布素面、裡布、舖棉各60×40cm G・J、貼邊用布各75×5cm 寬1cm的皮革織帶15cm 8號繡線適量

內套 米色華夫格織布（Waffle）、舖棉各55×45cm 滾邊用布55×10cm

茶壺隔熱墊 各式拼接用零碼布 亞麻布素色 110×25cm（含h、口袋、滾邊布部分） 胚布用碎花布 35×30cm 舖棉、裡布各35×35cm 厚貼布襯 25×25cm 直徑0.3cm棉繩25cm 直徑1.5cm鈕釦4個 8號・25號繡線、風箏線適量

＊原寸紙型A面④
A至E、e、g原寸紙型

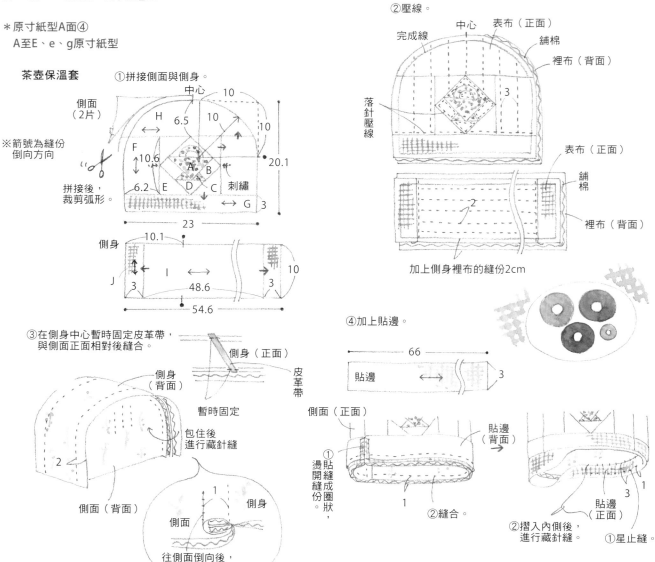

郵票提籃的圖案縫法

① 記號
將提把進行貼布縫於A上方。

② ※箭號為縫份倒向方向
縫份皆往主題圖案側單邊倒向

③

④ 連接各2片後，拼成一片。

茶壺保溫套

① 拼接側面與側身。

側面（2片）
※箭號為縫份倒向方向
拼接後，裁剪弧形。

中心 10 10
H 6.5 10 10
F 10.6 20.1
A B
6.2 E D C 刺繡
G 3
23

側身
10.1
J I 10
3 48.6 3
54.6

② 壓線。
中心 完成線 表布（正面） 舖棉 裡布（背面）
落針壓線
3
表布（正面） 舖棉 裡布（背面）
2
加上側身裡布的縫份2cm

③ 在側身中心暫時固定皮革帶，與側面正面相對後縫合。
側身（正面）
側身（背面）
皮革帶
暫時固定
包住後進行藏針縫
2
側面（背面）
側面 側身
1
往側面倒向後，進行藏針縫。

④ 加上貼邊。
66
貼邊 3
側面（正面）
① 燙貼開縫份成份圈狀。
縫合。
② 縫合。
1 1
貼邊（背面）
② 摺入內側後，進行藏針縫。
貼邊（正面）
① 星止縫
1 3

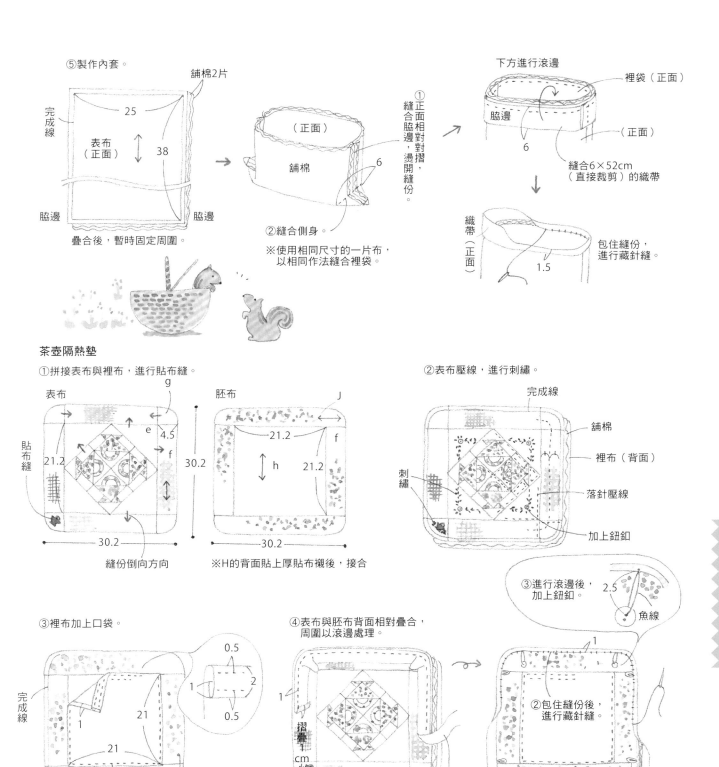

⑤製作內套。

鋪棉2片

完成線

表布（正面）

25

38

脇邊　脇邊

疊合後，暫時固定周圍。

②縫合側身。

（正面）

鋪棉

6

①正面相對對摺，縫合脇邊，燙開縫份。

※使用相同尺寸的一片布，以相同作法縫合裡袋。

下方進行滾邊

裡袋（正面）

脇邊

6

（正面）

縫合6×52cm（直接裁剪）的織帶

織帶（正面）

1.5

包住縫份，進行藏針縫。

茶壺隔熱墊

①拼接表布與裡布，進行貼布縫。

表布

g

e　4.5

貼布縫

21.2

f

30.2

縫份倒向方向

胚布

J

21.2

h　f

21.2

30.2

※H的背面貼上厚貼布襯後，接合

②表布壓線，進行刺繡。

完成線

鋪棉

裡布（背面）

刺繡

落針壓線

加上鈕釦

③進行滾邊後，加上鈕釦。

2.5

魚線

變化版可愛圖案

③裡布加上口袋。

完成線

1

21

21

車縫縫合

0.5

1　2

0.5

※作為收納盒使用時，請在口袋放入20×20cm的塑膠板。

④表布與胚布背面相對疊合，周圍以滾邊處理。

1

1

摺疊1cm

直接裁剪寬4cm的斜紋織帶（正面）

②包住縫份後，進行藏針縫。

1

①暫時固定扣繩。

3

長6cm的棉繩

預留鈕釦通過的寬度後，進行藏針縫。

 飛蟲

使用三角形與正方形布片製作的簡單圖案。
製作帶狀布塊3片，拼接。
接合處與接合處注意不要移位，以珠針確實地固定。

指導／松尾 綠

縫份倒向

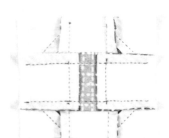

製圖方法

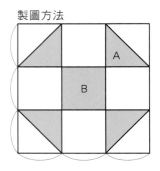

圖案的縫法

準備2片A。

2片正面相對疊合，對齊記號，邊角與中間使用珠針固定。從布邊縫到布邊。

不拉邊，縫份以手指壓合，往深色側單邊倒向。

縫份整齊地倒向。製作4片相同的小布塊。

B的兩側連接步驟4的小布塊。排列後確認方向。

小布塊與B正面相對，使用珠針固定記號處。為了讓邊角不移位，在接合處插入珠針。

從布邊縫合到布邊。縫份往小布塊側單邊倒向。相同的帶狀布塊再製作1片。

準備3片的B，深色的兩側與淺色相接。

帶狀的布塊完成3片。縫份往深色側倒向。

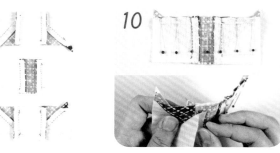

布塊正面相對疊合，對齊記號後，使用珠針固定。從正面確認接合處與接合處沒有移位後固定。

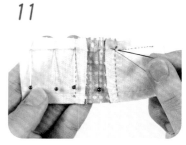

從布邊縫合到布邊。接合處進行一針回針縫。

普普風玄關踏墊
- -
讓玄關瞬間變明亮的配色格外美麗。控制配色
的顏色數量，呈現成熟可愛風格。

松尾 綠　51.5×78.5cm

①拼接後製作表布。

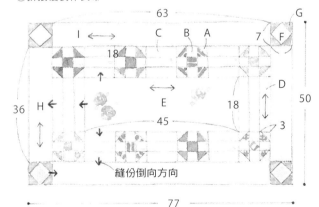

63
I　　　C　B　A　　7　F　　G
18
　　　↑
H ←　　↓　　D
36　↑　　E　　18　　50
　↓　　45　　3
縫份倒向方向
77

②表布重疊舖棉及裡布，壓線。

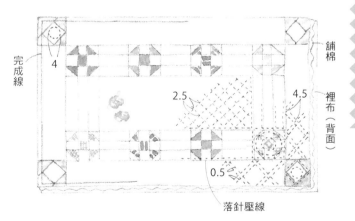

完成線
4
舖棉
裡布（背面）
2.5　　4.5
0.5
落針壓線

材料
各式拼接用零碼布　水藍色圓點
印花布110×20cm　E用黃色
印花布50×20cm　滾邊用條紋
布45×45cm　舖棉、裡布各
85×55cm

＊原寸紙型A面①
　A至C、F、G的原寸紙型

表布的組合方法

③滾邊周圍，收尾處理。
（參照P.21）

0.8
提把
裡布（正面）
0.8

直接裁剪寬度3.5cm的斜紋布帶（背面）

飛鳥

使用小三角形布片呈現飛鳥，
運用直線縫就能製作的圖案。

指導／本島育子

縫份倒向

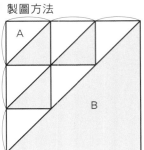

製圖方法

往深色布片側倒向，若在意縫份厚度時，可依右圖的方式中心進行風車形狀倒向。此時，中心側縫合打結在記號處。

圖案縫法

1

加上0.7cm縫份，裁剪布片。

2

準備2片深淺色的A。

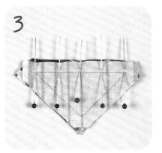

3

正面相對疊合2片，對齊記號，使用珠針固定。

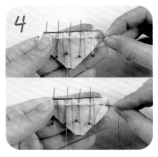

4

在記號處外側1針的位置進行回針縫，開始縫合。

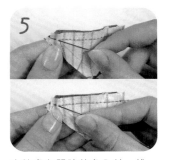

5

止縫處在記號的角入針，挑一針後進行回針縫，收針打結。

6

縫份往深色側單邊倒向。接著準備相同的小布塊與A。

7

步驟6（下）組合成1片。依順序正面相對縫合。縫份往深色側倒向。

8

相同地，圖案的一半部分連接在各個橫向布帶上。

9

布帶正面相對疊合，對齊接合處，使用珠針固定縫合。有厚度的部分使用上下針法。

10

在中心的接合處進行一針回針縫，避開縫份，在下個布片的邊角出針，縫合到布邊。

11

步驟10連接淡色的A，完成小布塊，接著縫合B。

12

從布邊縫合到布邊。

花朵印花布格蘭尼包

袋口抓出皺褶，
作出蓬鬆及可愛的形狀。
中心裝飾的3片圖案
剛好成為整體的重點設計。

本島育子
29×46.5cm

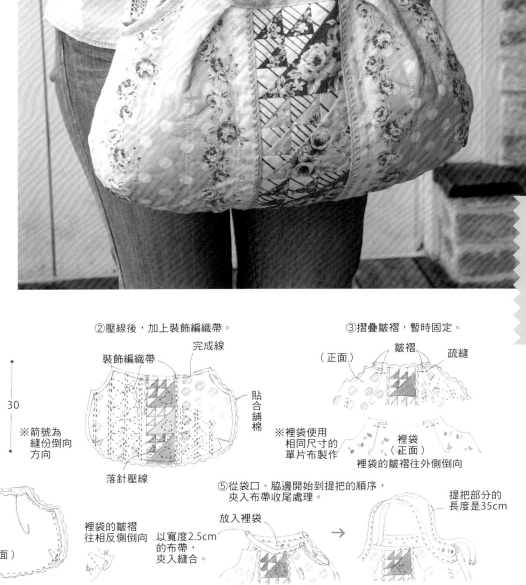

材料

各式拼接用零碼布　粉紅色印花布
90×35cm　裡袋用布、單面附膠
鋪棉各100×35cm　寬2.5cm的
亞麻布帶170cm　寬0.8cm的亞
麻布帶120cm

作法重點

● 布帶的止縫處摺疊邊緣後，重疊
　於始縫處。

＊原寸紙型B面⑥
　A至C'的原寸紙型
　與壓線圖案

①拼接後，製作表布。
（2片）

抓出皺褶

A
C'　　B
　　　C

30

46.5

※箭號為
縫份倒向
方向

②壓線後，加上裝飾編織帶。

完成線

裝飾編織帶

貼合鋪棉

落針壓線

③摺疊皺褶，暫時固定。

皺褶　疏縫

（正面）

※裡袋使用
相同尺寸的
單片布製作

裡袋
（正面）

裡袋的皺褶往外側倒向

④縫合皺褶，
正面相對2片後，
縫合周圍（與裡袋
相同方式縫合）

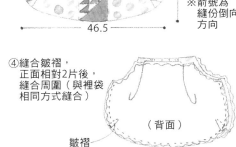

（背面）

皺褶

裡袋的皺褶
往相反側倒向

以寬度2.5cm
的布帶，
夾入縫合。

⑤從袋口、脇邊開始到提把的順序，
夾入布帶收尾處理。

放入裡袋

提把部分的
長度是35cm

變化版可愛圖案

透過花紋及配色，設計出各種變化的咖啡杯。
咖啡杯是最易於配色的具體圖案。

指導／今井雅子

附提把波奇包
- - - - - - - - - - - - - - -
並排兩個杯子，
再抓出側身即能簡單製成的波奇包。
兩側的邊加上吊耳繩，
完成能夠拆卸的提把。

設計／今井雅子　製作／下野なつみ
12.5×22cm
作法流程 P.82

圖案縫法

在A、B的小布塊上，連接完成貼布縫的C與提把，
上下方向連接D與E、F的布帶，進行組合。

縫份倒向

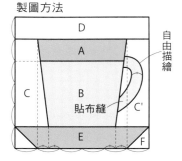

製圖方法

自由描繪

貼布縫

1

加上0.7cm左右的縫份，準備裁剪好的A與B。

2

正面相對疊合2片後，對齊記號，使用珠針固定，從布邊縫合到布邊。縫份往B側單邊倒向。

3

準備CC'。C'在上方縫份谷摺處的位置放上紙型，在正面提把貼布縫位置作記號。

（正面）

4

準備提把的主題圖案布。正面畫上記號，加上0.3〜0.5cm的縫份，進行裁剪。

5

在C'上進行貼布縫。對齊步驟3畫的記號，放在上方，進行疏縫。

6

使用針尖摺入縫份，對齊C'的記號，進行縱向藏針縫。凹處的縫份開切口。

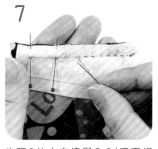
7

步驟2的小布塊與CC'正面相對，從布邊縫到布邊。

8

可縫合A至C。縫份往主題圖案側倒向。

變化版可愛圖案

9

準備E與F兩片布片。

10

在E上方與F正面相對疊合，使用珠針固定記號，從布邊縫到布邊。縫份往E側倒向。

11

步驟8的小布塊上連接D與10的小布塊。

12

小布塊與小布塊正面相對疊合，從布邊縫到布邊。D也以相同方式縫合。

附提把波奇包

材料

各式拼接用零碼布　水藍色碎花印花布55×35cm（含後片、滾邊、吊耳繩）舖棉、裡布各40×35cm　長3.5cm的D形環2個　長20cm的拉鍊1條

作法重點

●使用於袋口滾邊的斜紋布帶直接裁剪寬3.5cm，背面畫出0.8cm的縫線。

＊原寸紙型A面⑧
　A至G的原寸紙型

長度30cm的提把

0.8cm滾邊

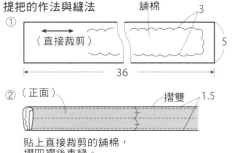

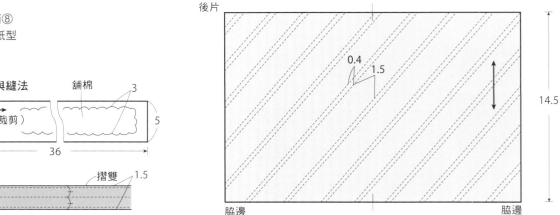

前片

貼布縫　中心　　　落針壓線

H　　　1

3

2.5

D

G

A

8.5

14.5

B

C　　C'

E

F　　3

脇邊

22

後片

0.4　1.5

14.5

脇邊　　　　　　　　　脇邊

提把的作法與縫法

舖棉

① （直接裁剪）　3

5

36

② （正面）　摺雙　1.5

貼上直接裁剪的舖棉，
摺四褶後車縫。

③ 藏針縫
1.5
D型環

穿過D型環，
摺入縫份，
以捲針縫縫合兩邊。

吊耳繩的作法

① 摺雙
（直接裁剪）（2片）
3
4

① 摺雙　（正面）0.8
摺四褶後車縫。

② 滾邊後夾入
1
脇邊

側身的縫法

脇邊
（背面）

4.5

1 拼接後，製作表布，從背面在周圍的完成線上使用疏縫線進行疏縫，正面作記號。畫上壓線線條。

2 背面重疊舖棉及裡布，避開壓線線條，從中心往外側以方格形狀進行疏縫。周圍的完成線也進行疏縫。

3 一針一針地挑針2至3針後，壓線。

4 後片也以相同方式壓線。完成前片與後片。取下步驟2完成線以外的疏縫線。

5

前片與後片正面相對，以周圍的疏縫線為準，使用珠針固定（對齊中心），進行疏縫。

6

繼續到脇邊、底部，車縫出ㄇ字型。手縫時，請以回針縫縫合。

7

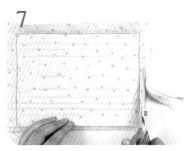

單邊的裡布預留3cm，其他的縫份裁齊為1cm。

8

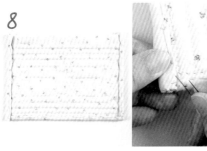

以步驟7預留的裡布包住縫份，進行滾邊處理。使用珠針固定，疏縫後進行藏針縫。

9

縫合側身。對齊脇邊與底部（從正面確認），整平摺疊，畫上側身記號，進行疏縫，縫合。

10

參考P.82的圖片，製作2片吊耳繩，在本體脇邊使用疏縫線暫時固定。

11

在本體的袋口上，與後片的斜紋布帶正面相對疊合。對齊完成線及縫線後，使用珠針固定，進行疏縫。

布帶始縫處
止縫處

12

疏縫上方進行車縫，沿著布帶邊緣裁切多餘的縫份。

13

布帶翻回正面，以步驟12的縫線為準，包住縫份，使用珠針或疏縫固定，進行縱向藏針縫。

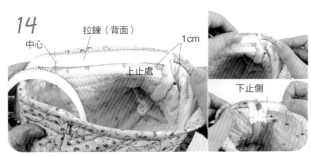

14

拉鍊（背面）
中心
1cm
上止處
下止側

拉鍊重疊於袋口內側，對齊中心，在鍊齒與滾邊邊緣相合的位置，使用珠針固定。上止側在自脇邊起算1cm左右的內側。下止側注意鍊齒與滾邊邊緣沒有移位，確實地對齊。
※若使用比20cm長的拉鍊，下止側會自然地跑掉，如步驟15及16下方的圖片，進行抓褶。

15

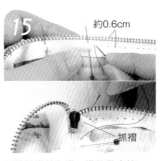

約0.6cm
抓褶

以拉鍊織紋為準，進行星止縫。

16

為了壓住布帶浮起處，邊緣使用千鳥縫固定。

變化版可愛圖案

杯子收納櫃圖案壁飾

以排列在餐具櫃中的咖啡杯
為概念而設計的圖案。
排列著喜歡的杯子，
欣賞屬於自己的收藏品吧！

今井雅子
60×69.5cm　作法P.85

各式各樣的
圖案

杯 子

決定杯子的布料後，選擇可突顯杯子的底色布料。
底色選擇杯子上有的1色，或是與杯子相同色系及互補色，即可呈現協調的組合搭配。

粉紅色搭配淺黃綠色
的杯子，底色也使用
相同色系的格紋

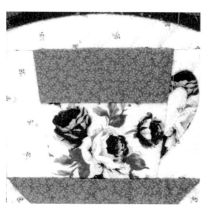

大玫瑰圖案展現華麗
感。杯子的杯口與盤
子使用綠色，突顯白
色印花布

壁飾

材料
各式拼接、貼布縫用零
碼布　深粉紅色印花布
110×60cm（含滾邊
部分）鋪棉、裡布各
75×65cm　寬5.5cm花
朵裝飾8個　寬2cm蕾絲
480cm　25號粉紅繡
線　毛氈布各種適量

＊原寸紙型B面④
　A至I與ⓣ的
　原寸紙型

①拼接後，製作表布。

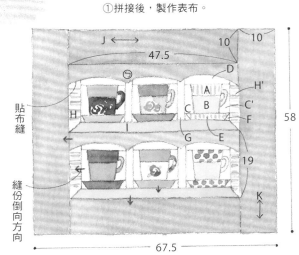

J ←→
47.5
10
10
D
A
H'
C'
C
B
F
G
E
K
19
58
67.5

貼布縫

縫份倒向方向

②重疊鋪棉及裡布，壓線。
完成線

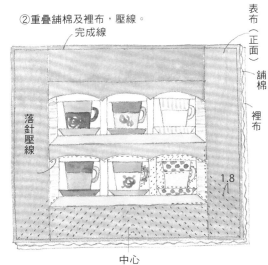

表布（正面）
鋪棉
裡布
落針壓線
中心
1.8

布塊接合方法

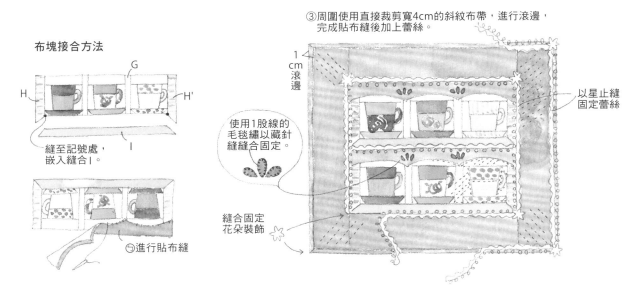

H
G
H'
I

縫至記號處，
嵌入縫合I。

ⓣ進行貼布縫

③周圍使用直接裁剪寬4cm的斜紋布帶，進行滾邊，
完成貼布縫後加上蕾絲。

1cm滾邊

以星止縫
固定蕾絲

使用1股線的
毛毯繡以藏針
縫縫合固定。

縫合固定
花朵裝飾

以紅色與黑色作為基
礎色調配色。杯子印
花布上的紅色作為底
色，襯托黑色。

杯口與底部選自杯子
中有的顏色。因為有
共通的顏色，整體呈
現和諧一致的印象。

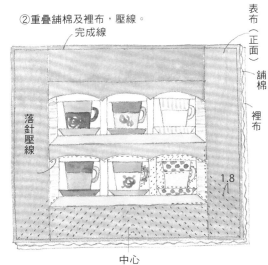變化版可愛圖案

85

多口袋咖啡廳圍裙

以三色組合而成的
法國風咖啡廳圍裙。"
想與朋友合開的居家咖啡廳,
感覺一定很棒…"
以此為設計概念,
擁有這樣的夢想。

設計／今井雅子
製作／高野 子
37×93cm 作法P.87

圍裙下襬圖案變成口袋。
繩子繞過後方在前方打結。

使用藍、白、紅三色製作5片圖案。繩子
使用2種顏色,在中心處兩色交替變化。

圍裙

材料

各式拼接用零碼布　本體用白色印花布 110×40cm　紅色素布、藍色素布各 150×15cm　口袋裡布110×25cm　寬 0.5cm波浪型裝飾條200cm　寬2cm棉布帶 300cm

作法重點

● 口袋重疊93×18cm的裡布。

● 口袋重疊本體後，車縫G的兩側，做隔間。

＊原寸紙型Ｂ面⑤
　A至F的原寸紙型

② 口袋袋口進行收尾處理，
　本體的下襬摺三褶後，進行車縫。

③ 車縫固定裝飾帶
　（下方也以相同方式縫製）

① 裁切本體，拼接口袋。

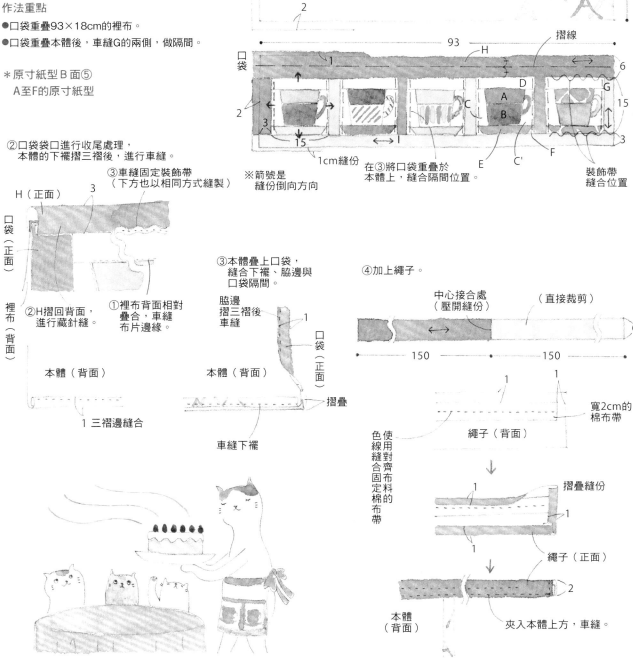

② 本體疊上口袋，
　縫合下襬、脅邊與
　口袋隔間。

④ 加上繩子。

87

希臘的十字架

縫份倒向

製圖方法

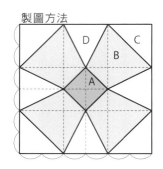

圖案的縫法

1
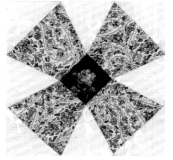

裁剪梯形B與三角形C。

2

B與C正面相對疊合，使用珠針固定記號，從布邊縫合到布邊。始縫處及止縫處進行回針縫。

3

縫份往B側單邊倒向。製作4片，2片與A的兩側連接。

4
從記號處縫至記號處

步驟2的小布塊與A正面相對，從記號處縫到記號處。縫份往B側單邊倒向。

5
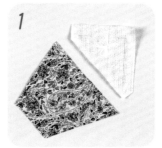
縫到布邊
從記號處開始

步驟2的小布塊兩側連接D。正面相對後從記號處縫到布邊。縫份往B側倒向。

6

製作2片步驟5的小布塊，連接中心的小布塊兩側。

7
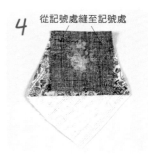
避開往B側倒向的A與B。

布塊正面相對疊合，對齊第一個邊後，使用珠針固定。此時避開中心布塊的縫份。

8

從布邊開始縫到角的記號處。在角的位置進行一針回針縫。

9

第2個邊使用珠針固定。在角的記號處入針，從第2個邊的角出針。

10
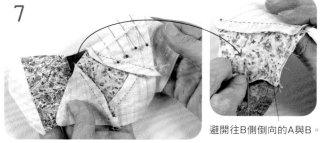

第2個邊也與第1個邊相同方式縫製，在角的位置進行一針回針縫。

11

在第3個邊的角出針後，縫合到布邊。縫份向中心的小布塊側倒向。

運用1片圖案
就能製作的束口袋
- - - - - - - - - -
小碎花圖案與裝飾帶
呈現少女的可愛氣息。
在單片布的本體上，
以完成壓線的布塊製作貼布縫，
簡單拼接。

きたむら惠子
32×25cm

材料
各式拼接、繩飾用零碼布　灰色印花布
75×30cm　裡袋用布　65×30cm　舖棉
15×15cm　寬0.8cm裝飾帶110cm　直
徑0.4cm棉繩120cm　手工藝用棉花適量

＊原寸紙型A面②
　A至D的原寸紙型

①裁切布料。
口布（2片）中心　　（2）
（2）　　　　　　　　　4
　　　　　　25

※（　）是縫份的尺寸

中心
本體、裡袋
（各1片）　　↕60
底部中心摺雙
　　　25

②製作拼接部分，本體以藏針縫
　固定，加上裝飾帶。

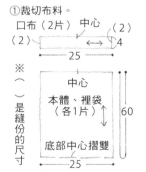

　　　12
C　　D
　B　　　　完成線
　　A　　　　中心
壓　　　　　0.3　　12　　　　　10
線
拼布線　　完成線　　　　縫合固定裝飾帶
直接裁剪
　　　　　　　　　4
　　　　　　　　　4
　　　　　摺入縫份，進行藏針縫。

③本體正面相對對摺，
　縫合兩脇邊。
　（裡袋也以相同方式製作）

本體（背面）

摺雙

④口布的兩邊摺三褶後縫合，
　再縫於本體固定。

背面　　　　　　　　1
相對後
對摺（背面）
　　　　　　　　　2

口布

本體（正面）

⑤放入裡袋，以藏針縫
　縫合袋口，穿過長度
　60cm的繩子。

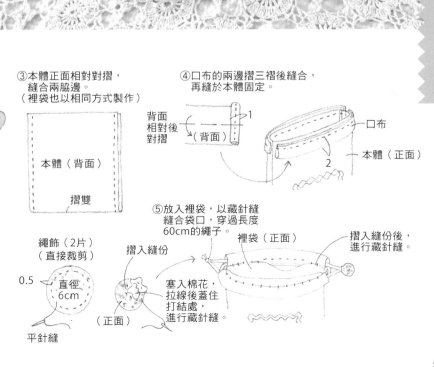

裡袋（正面）

摺入縫份後，
進行藏針縫。

繩飾（2片）
（直接裁剪）

摺入縫份

0.5　直徑
6cm

（正面）

塞入棉花，
拉線後蓋住
打結處，
進行藏針縫。

平針縫

變化版可愛圖案

房屋

以各種形狀的布片組合屋頂、窗戶及煙囪等，呈現家的圖案。

指導／信國安城子

客廳裡兼實用功能的
壁掛收納袋

排列2個房屋與樹木的布塊，
製作成收納袋。
尺寸設計剛好能放入明信片
及信封的大小。

信國安城子
28.5×35.5cm
作法流程 P.92

90

圖案縫法

由於布片的種類與片數較多，縫合前請先排列布片，確認縫合位置。
製作煙囱、屋頂、牆壁的小布塊後，組合成一片。

縫份倒向

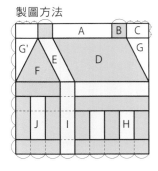

製圖方法

		A		B	C
G'					G
F	E		D		
J	I			H	

1

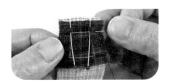

A的兩側正面相對疊合上B，對齊記號，使用珠針固定，從布邊縫到布邊。

2

縫份往B側倒向

步驟1的縫份往B側單邊倒向。步驟1的兩側與C連接，完成煙囱的小布塊。

3

屋頂的D至F布片，各準備1片，正面相對，從布邊縫到布邊。

4

步驟3的縫份往D‧F側倒向。屋頂的兩側連接G、G'。

5

屋頂的小布塊上與G、G'正面相對，從布邊縫到布邊。縫份往屋頂側倒向。

6

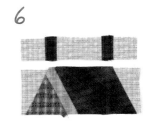

連接煙囱的小布塊與屋頂的小布塊。

7

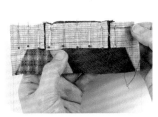

布塊正面相對疊合，記號的角、接合處、中間使用珠針固定縫合。接合處進行一針回針縫。

8

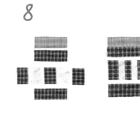

準備牆壁右側的3片I與5片H，製作小布塊，組合。縫份往深色側倒向。

9

小布塊正面相對，對齊接合處與布邊，使用珠針固定。從布邊縫到布邊。

10

使用5片J製作左邊牆壁的小布塊，I與右邊小布塊連接。縫份向外側倒向。

11

最後接合上下側的布塊。

12

正面相對疊合2片後，記號的角與接合處、中間位置使用珠針固定縫合。有厚度的接合處使用上下針法進行回針縫。

變化版可愛圖案

壁掛收納袋

材料

各式拼接、貼布縫用零碼布 基底布用米色格紋90×30cm（含拼接、左右的滾邊部分） 下方滾邊用寬3.5cm斜紋布帶40cm 上方貼布縫用布40×35cm（含上方的滾邊布） 裡布110×35cm（含穿棒用布、口袋貼邊部分） 舖棉80×35cm

作法重點

- 貼邊使用直接裁剪寬2.5cm的斜紋布帶，背面畫0.8cm的縫線記號。
- ＊原寸紙型A面⑥
  A至S的原寸紙型與貼布縫圖案

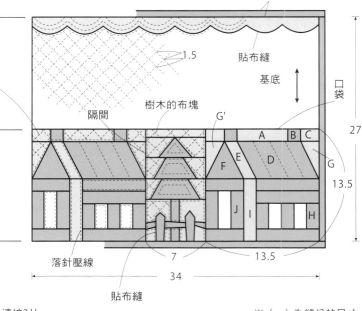

0.8cm滾邊
貼布縫
基底
口袋
27
1.5
樹木的布塊
隔間
G'
A B C
F E D
G
13.5
J I H
7
13.5
34
落針壓線
貼布縫

房屋、樹木及柵欄以外，以1.5cm的正方形圖案壓線。

樹木的布塊縫法

① L' K L / N' M N / P' O P
製作3片小布塊，縫份往中心的布片側倒向。

② 連接小布塊，縫份往上方倒向。

③ Q 連接3片，縫份往上方倒向。
S
R 拼接R與S，（縫份往R側倒向），進行貼布縫。

穿棒用布 ※（ ）為縫份的尺寸
(1)
(2) (2) 9
(1)
34
寬度依棒子的粗細，製作較寬鬆的尺寸。

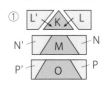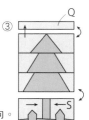

1 製作口袋的表布。進行拼接及貼布縫，準備2片房屋的布塊與1片樹木的布塊。

2 布塊正面相對疊合，對齊記號，使用珠針固定縫合。有厚度的部分使用上下針法方式縫合。

3 縫份往房屋側倒向，以熨斗熨燙後，畫出壓線線條。依序重疊裡布、舖棉、表布，呈放射線狀疏縫，周圍的縫份也進行疏縫。

4 壓線。

5 壓線完成後，取下周圍以外的疏縫線。使用量尺測量尺寸，在正面的周圍畫完成線。

6 作好縫線記號的貼邊正面相對放於口袋袋口處，對齊縫線與袋口的完成線，使用珠針固定。貼邊使用半回針縫縫合。

7

沿著貼邊的邊緣，裁剪多餘的布料及鋪棉。若袋口仍有殘留的疏縫線，請取下。

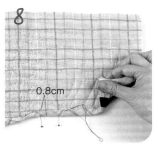

8

0.8cm

在背面從縫線處反摺貼邊，以貼邊包住倒向的縫份，使用珠針固定.進行縱向藏針縫。

9

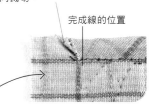

完成線的外側0.3cm處，縫份斜向裁切。

完成線的位置

基底在上方進行貼布縫，壓線後，周圍畫出完成線記號。口袋袋口的縫份因為有厚度，請如同上方圖片斜向裁切。

10

口袋放於基底布上方，對齊完成線，進行ㄇ字型疏縫。口袋的隔間旁也進行疏縫。

11

車縫口袋的隔間。車縫左邊的房屋與樹木布塊的接合處邊緣（樹木側）。

12

縫合前取下珠針

左右進行滾邊收尾處理。首先，背面與畫好寬0.8cm縫線記號、直接裁剪寬3.5cm的斜紋布帶正面相對，對齊完成線與縫線，使用珠針固定，車縫縫合。

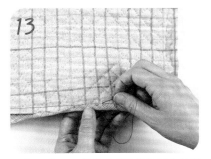

13

與步驟7相同，沿著布帶邊緣裁切多餘部分。使用布帶包住縫份，以步驟12的縫合為準，使用珠針固定，進行藏針縫。

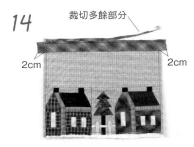

14

裁切多餘部分

2cm   2cm

上下的縫份也與左右相同，以滾邊進行收尾處理。布帶邊緣自基底布的邊緣處起算長度約2cm。

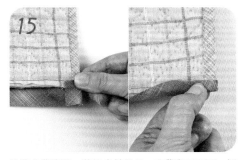

15

沿著布帶邊緣，裁切多餘縫份，布帶翻回正面，摺疊邊緣（左）。摺疊布帶，包住縫份，邊緣以手指確實地緊壓。

變化版可愛圖案

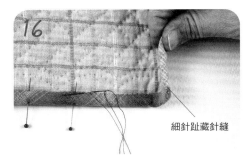

16

細針趾藏針縫

布帶使用珠針固定，進行藏針縫。使用細針趾進行藏針縫，讓邊緣摺疊處不開口。

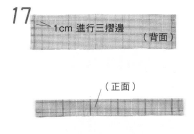

17

1cm 進行三摺邊   （背面）

（正面）

製作附在背面的穿棒布帶。裁布，兩邊摺3褶縫合（上）。接著背面相對對摺，縫合成筒狀（下）。

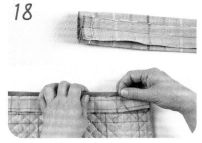

18

縫線放於中心，以熨斗燙壓縫份（上）。放於上方滾邊邊緣處，使用珠針固定，上下進行藏針縫後完成。

房 屋

改變屋頂的形狀及窗戶數，感受設計變化的樂趣。

設計簡單的房屋

正中央有門，兩邊有小窗戶的設計。牆壁則運用像是油漆斑駁般色澤的先染布，打造鄉村氛圍。

圖案縫法

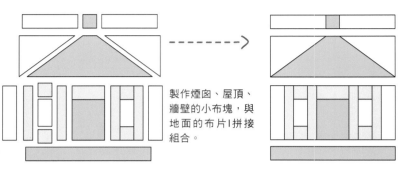

製作煙囪、屋頂、牆壁的小布塊，與地面的布片I拼接組合。

縫份倒向

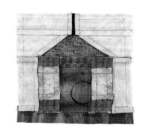

製圖方法

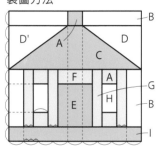

尖角屋頂的房屋

尖角三角屋頂是特別的設計。屋頂使用顯眼的顏色作為配色重點，呈現美麗畫面。細長形窗戶刺繡上的方格圖案也很好看。

圖案縫法

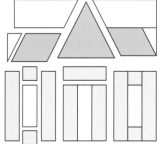

製作屋頂與牆壁的小布塊，進行組合。

縫份倒向

製圖方法

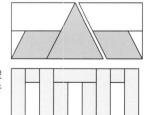
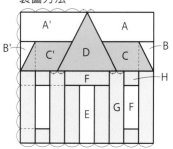

樸素配色的抱枕

- - - - - - - - - - - - - - - - - -

房屋搭配風車
與郵箱的貼布縫布塊組合，
講究細節的設計。
沉穩的色調與房間的氛圍融為一體。

信國安城子
45×45cm

材料

各式拼布、貼布縫用零碼布　A、H、G
用灰色格紋100×50cm（含裡布部
分）　舖棉、裡布各50×50cm　44cm
拉鍊1條　直徑0.5cm鈕釦1個　25號黑
色・黃色・原色繡線適量

＊原寸紙型A面③
　房屋與A、B、E、F的
　原寸紙型＆貼布縫圖案

E、F的拼接方法

縫份倒向
方向

①拼接後，製作正面的表布。

F　E　←C(1×28)

5
5

D(1×30)

G

A

B

4
4　　4

H→

45

35

45

②壓線。

表布（正面）　完成線

舖棉

裡布

1.8

落針壓線

變化版可愛圖案

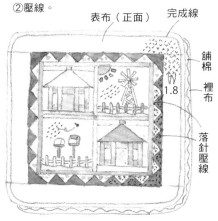

③裁切裡布。

裡布

3　1.5

1　　　　　1

22.5　　22.8

45　　　45

⊖　　⊗

完成線

④摺疊中心側的縫份，加上拉鍊。

從完成線起
算0.5cm下方

完成線

拉鍊（正面）

車縫縫合

0.5

⊗（正面）

⊖（正面）

車縫縫合

重疊0.3cm

1.5

⊗（正面）

⑤②與④正面相對，
　縫合周圍，翻回正面。

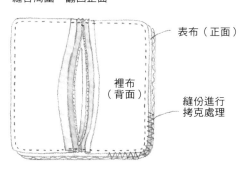

表布（正面）

裡布
（背面）

縫份進行
拷克處理

德雷斯登圓盤

呈現盤子之美的圖案。
特色是像花朵一樣的圖案，周圍鋸齒狀弧形有2種類型。
縫合A之後，在台布上進行貼布縫，最後再完成中心B的貼布縫。

指導／片岡公子

縫份倒向

製圖方法 ③

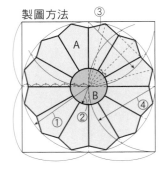

圖案縫法

1

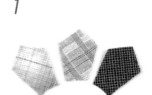

縫合A各3片。

2

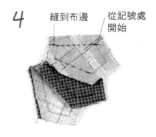

從記號處開始

2片正面相對疊合，對齊記號後，使用珠針固定。從記號處縫到布邊後，縫份往同一方向單邊倒向。

3

縫合A各3片。

4

縫到布邊　從記號處開始

正面相對，與步驟2相同方式從記號處縫到布邊。

5

如圖完成2片布塊。

6

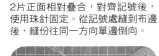

摺周圍縫份。從完成線上方，若以刮刀壓合，縫份較容易倒向。

7

放於台布上，使用珠針固定。以縱向藏針縫縫合一圈。

8

紙型

準備B。周圍縫份進行平針縫，放上紙型，拉緊線，以熨斗燙壓，整理形狀。

9

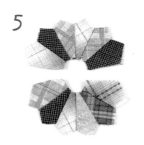

取下紙型，放於中心，使用珠針固定。由於之後會將台布挖空，所以不挑針，台布進行藏針縫。

10

以藏針縫縫合一圈，在B的邊緣收針打結。在隔壁位置入針，拉線後藏住打結處。

11

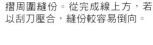

從背面預留縫份，挖空台布。以此方法進行，直接與舖棉相接，製造蓬鬆感。

製作弧形時

以平針縫縫1邊的縫份，放上紙型，拉緊線。以熨斗燙壓，整理形狀後，收針打結。不裁線，下個弧形依相同作法製作。

大地色的圓形波奇包

圓形的側面抓出皺褶，
製造蓬鬆立體感。
側面的木珠具有鈕絆功能，
拉鍊容易開合。

片岡公子
直徑16.5cm

材料（1件的用量）
各式貼布縫用零碼布　前片・後片用布60×25cm（含滾邊部分）　裡布、舖棉各40×29cm　20cm拉鍊1條　長2cm的木珠2個　25號繡線適量

＊原寸紙型B面③

①前片進行貼布縫，製作表布。

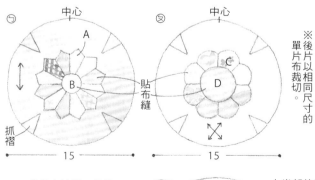

中心
A
B
貼布縫
抓褶
15

中心
C
D
貼布縫
15

※後片以相同尺寸的單片布裁切。

②重疊舖棉與裡布，壓線後，進行刺繡。

完成線
舖棉
裡布（背面）
法國結粒繡（取3股線）
落針壓線
1.5
0.3

0.7
毛毯繡（取2股線）

③縫合皺褶，前片與後片的周圍各自進行滾邊，收尾處理。

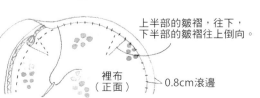

上半部的皺褶，往下，下半部的皺褶往上倒向。
裡布（正面）
0.8cm滾邊

④加上拉鍊，前片與後片進行捲針縫，正面的拉鍊止縫處加上木珠。

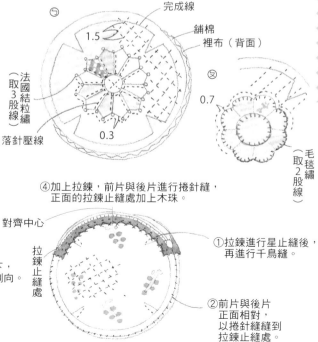

對齊中心
拉鍊止縫處

①拉鍊進行星止縫後，再進行千鳥縫。

②前片與後片正面相對，以捲針縫縫到拉鍊止縫處。

97

縫合上較有難度的弧形圖案。
對齊布片的記號縫合，製作出漂亮的弧形。
在步驟11接合小布塊與小布塊時，避開有厚度的中心縫份，倒向後，再縫合一次。

指導／渡邊美江子

縫份倒向

製圖方法

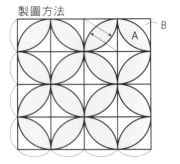

圖案縫法

※作品使用的先染布因為具有厚度，第一次縫製時，可選用較易縫合的材質。

1

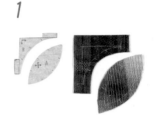

B紙型的細部如圖進行製作。
弧形加上對齊記號。

2

準備1片A與2片B。

3

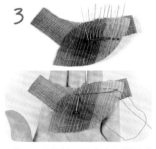

A與B正面相對，固定中心與記號
的角、合印與中間，進行一針回
針縫，從布邊縫到中心。

4

不剪線休針，另一半也以相同作法
縫到布邊。縫份往A側單邊倒向。

5

連接另1片的B。

6

以相同方式製作4片小布塊，
注意方向，拼接組合。

7

2片正面相對，請注意A的角不要
移位，使用珠針固定，從布邊縫
合到布邊。

8

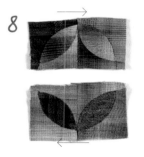

變成2條布帶。縫份依箭號上下
交替倒向。

9

對齊接合處，
使用珠針固定。

與步驟8正面相對接合。中心進
行一針回針縫。有厚度的中心部
分以上下針法縫合。

10

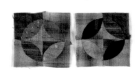

4片小布塊組合成一片，製作圖案。

11

正面相對縫合。中心避開縫份，
進行一針回針縫。確認正面中心
是否對齊。

12

變成2片布帶。這2片也對齊接合
處，使用珠針固定，與步驟11相
同方式縫合。

扁包

- -

單片圖案斜向排列組合的包包。
下方因為有抓出皺褶，
外觀扁平兼具收納空間。

渡邊美江子
27×35cm

材料

各式拼接、貼布縫用零碼布　深棕色素布70×35cm（含後片、貼邊部分）　淡棕色素布 35×25cm　舖棉、裡布各80×35cm　直徑2.2cm磁釦1組（縫合型）　寬2cm長38cm提把1組

作法重點

●車縫貼邊。提把部分因為具有厚度，建議使用厚布用的車縫針。

＊原寸紙型A面⑦
前片與後片、貼邊的原寸紙型

①前片進行拼接，後片進行貼布縫後，製作表布。

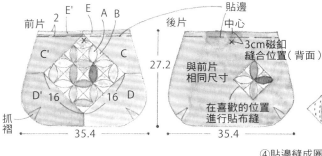

前片　2　E' E A B　貼邊
C' C　中心
D' 16 16 D　3cm磁釦縫合位置（背面）
抓褶
35.4　後片　27.2　35.4
與前片相同尺寸
在喜歡的位置進行貼布縫

②重疊舖棉與裡布，壓線。

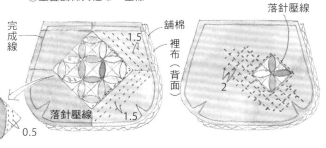

完成線　1.5　落針壓線
舖棉
裡布（背面）
落針壓線　1.5　2
0.5

③縫合皺褶，前片與後片正面相對縫合。

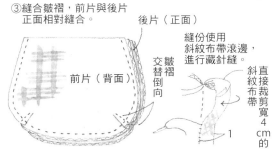

前片（背面）
後片（正面）
皺褶交替倒向
縫份使用斜紋布帶滾邊，進行藏針縫。
斜紋布帶直接裁剪寬4cm的　1

④貼邊縫成圈，與本體袋口正面相對，縫合。

貼邊（2片）　2
1cm縫份
壓開縫份
提把暫時固定
貼邊（背面）
12

⑤貼邊翻回正面，裡布以藏針縫固定。

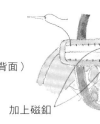

2
加上磁釦

99

運用壓線的簡單設計

指導／片岡公子

圓形立體波奇包

- - - - - - - - - - - - -

成熟配色的波奇包。
使用蕾絲拉鍊及
蕾絲緞帶裝飾,
增添可愛氣息。

片岡公子
7.5×13cm
作法流程P.102

組合成袋狀後,摺入側身,
縫合固定即完成的簡單剪裁。
加上鈕釦裝飾,成為設計重點。

杯墊

- - - - - - - - - - - - - - - - - - - -

顏色鮮艷的薄荷藍杯墊。
簡單的設計
搭配使用繡線的壓線，
增添作品的豐富度。

片岡公子
17×23cm

①拼接後，製作表布。

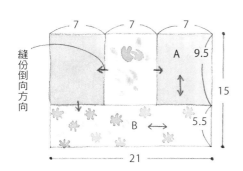

縫份倒向方向

7　　7　　7

A　9.5

15

B　5.5

21

材料
青綠色印花布35×25cm（含滾邊部分）　鋪棉、裡布
各25×20cm　A‧B用零碼布、25號繡線 適量

作法重點
●壓線使用繡線，取2股線。
●滾邊的方法參照P.21。

②重疊鋪棉及裡布，壓線。

落針壓線　　完成線

表布（正面）

鋪棉

裡布（背面）

1

2.8

1.7

5.2　0.5

沿著圖案壓線

運用壓線的簡單設計

③滾邊周圍，收尾處理。

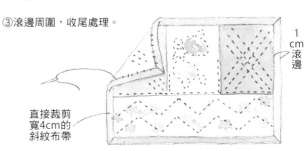

1
cm
滾邊

直接裁剪
寬4cm的
斜紋布帶

101

波奇包

材料

碎花印花布、胭脂色先染布
各25×20cm 鋪棉、裡布各
35×25cm 寬1.2cm蕾絲
50cm 長20cm的蕾絲拉鍊
1條 直接1.3cm鈕釦2個

作法重點

●壓線使用米色線。

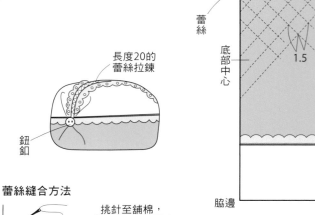

長度20的
蕾絲拉鍊

鈕
釦

蕾絲縫合方法

挑針至鋪棉，
使用星止縫固定。

中心

B　6

蕾
絲

底
部
中
心

1.5　A　18

12
cm
返
口

30

6

脇邊　脇邊

21

1

準備已連接A與B的表布。縫份往A側倒向。

2

畫壓線線條。搭配布的顏色深
淺，畫出容易辨識的顏色。

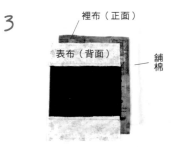

3

裡布（正面）

表布（背面）

鋪
棉

與表布相同尺寸、裁切完成的裡布背面，
重疊上相同尺寸的鋪棉，與表布正面相對。

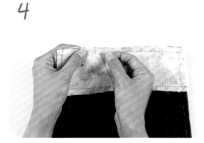

4

使用珠針固定記號，預留返口後縫合周圍。
表布記號上方以細針趾縫合。

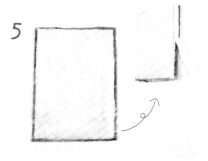

5

在縫線邊緣裁剪鋪棉。使用較小的剪刀，仔細
地裁剪。

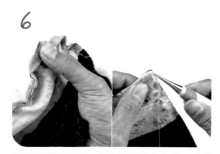

6

從返口翻回正面。角的位置摺疊縫份，若保
持以手指按壓的姿勢直接翻面，成品會比較
漂亮。從正面以錐子調整形狀。

7

摺入返口縫份，以冂字藏針縫縫合返口。

8

周圍輕輕地以熨斗燙壓，進行疏縫，壓合3層。從中心向外側呈放射線進行疏縫。

9

壓線。從中心向外側縫合。

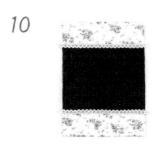
10

完成壓線。A的邊緣以星止縫固定蕾絲。

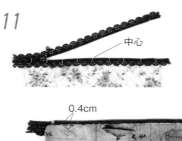
11

中心

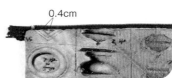
0.4cm

上下縫合拉鍊。對齊中心，從鍊齒處移動0.4cm，使用珠針固定。從正面進行星止縫固定。

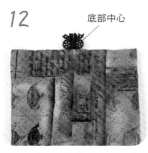
12

底部中心

縫合脇邊。對齊底部中心與拉鍊中心，正面相對摺疊，使用珠針固定。此時先拉開拉鍊。

13

表布與表布之間挑針，進行捲針縫。拉鍊部分挑至下方的布，以冂字藏針縫進行縫合。

14

摺入突出的拉鍊邊緣，進行藏針縫。請注意正面勿露出縫線。

15

翻回正面，以錐子整理角的形狀，取2股線挑針2至3次，對齊。

16

不剪線，縫合固定於本體。裝飾鈕釦穿線縫合後，完成。

應用圖案製作小物

「法院的階梯」造型包

改變分割配置的圖案製作拉鍊波奇包。加上蕾絲，展現可愛氣息。

きたむら恵子　10.5×11.5cm

材料

各式拼接用零碼布　G用布40×30cm（含滾邊部分）舖棉、裡布、胚布各25×15cm　10cm拉鍊1條　寬2cm蕾絲50cm

作法順序

拼接A至G後，製作表布→重疊舖棉及裡布，壓線→與相同尺寸的胚布背面相對疊合，脇邊進行滾邊→加上蕾絲→從底部中心正面相對摺疊，如圖所示進行組合→縫合拉鍊。

＊A至F的原寸紙型參照P.109

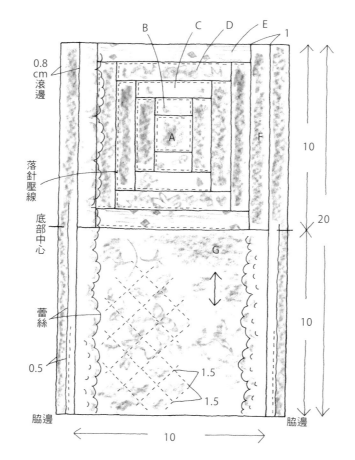

0.8cm滾邊

B　C　D　E　1

落針壓線

底部中心

10

20

F

G

10

蕾絲

0.5

1.5

1.5

脇邊　　脇邊

10

組合方法

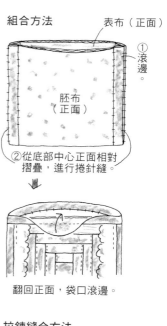

表布（正面）

①滾邊。

胚布（正面）

②從底部中心正面相對摺疊，進行捲針縫。

翻回正面，袋口滾邊。

拉鍊縫合方法

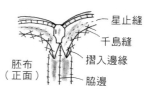

星止縫

千島縫

摺入邊緣

胚布（正面）

脇邊

四角拼接眼鏡袋

以正方形布片呈現十字交叉圖樣進行配色。
摺疊圓形的布，製出可簡單拼接的款式。

青木朱里　9×17.5cm（2件作品相同）

摺入圓形布料的
兩邊，預留放入
眼鏡的空間，
進行藏針縫。

材料（1件的用量）
各式拼接用零碼布　D用55×25cm（含滾邊
布、吊耳繩）　舖棉、裡布各30×30cm　直
徑1.5cm鈕釦1個

作法順序
拼接A至C，連接D，製作表布→重疊舖棉及裡
布，壓線→周圍畫上完成線→製作吊耳繩，暫
時固定，滾邊周圍→依圖示進行組合。

＊D的原寸紙型、上方的壓線圖案
　原寸紙型B面⑬

下方　中心　吊耳繩縫合位置（背面）　上方　中心

0.8cm滾邊

D

鈕釦
縫合位置

7.5

B
A
C

25

鈕釦
縫合位置

A
B
C

25

17.6
25

組合方法

② 滾邊周圍　① 暫時固定吊耳繩

3

（背面）　藏針縫

吊耳繩的作法

3.5

7.5

（正面）

0.9

摺四褶車縫

縫合固定
藏針縫

立起吊耳繩，
進行藏針縫。

（背面）

止縫處

9

止縫處

從D的接合處摺疊，
中心預留9cm
進行藏針縫。

邊緣與止縫處
進行幾次藏針縫

原寸紙型

C

B

A

縱長六角形拼接包

- - - - - - - - - - - - - - - -

選用繽紛的零碼布拼接，展
現吸睛效果。側身的高度比
側面稍微低一些，呈現優雅
時尚感。

後藤洋子　21×33cm

材料

各式拼接用零碼布　B至D用棕色直紋布55×40cm（含側
身部分）　鋪棉55×55cm　裡布110×50cm（含滾邊、
補強部分）　貼布襯30×10cm　長36cm皮革製提把1
組　直徑1.4cm磁釦1組

作法順序

拼接A→連接B至D，製作側面表布→重疊鋪棉及裡布，壓
線→側身也以相同方式壓線製作→側面與側身背面相對，
如圖所示進行組合。

＊A與側身原寸紙型A面⑪

組合方法

①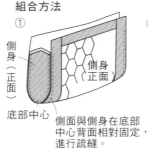
側身
（正面）
側身
（正面）
底部中心
側面與側身在底部
中心背面相對固定，
進行疏縫。

②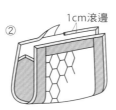
1cm滾邊
周圍滾邊（邊角參照
P.21相框組合方法）

側身

0.8cm滾邊
1.5
18
底部中心
11

側面

0.5
中心
B
2.5
0.3
A
17.5
6等份的壓線
1.5　25　C　8.5
落針壓線
12
D
48.5
底部中心
33

側身作法

0.3
（背面）
2cm預留
上方滾邊，
正面相對對摺，
縫合。

③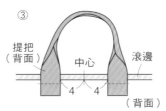
提把（背面）
中心
滾邊
4　4
（背面）
提把進行回針縫固定
（縫線不露出正面）

④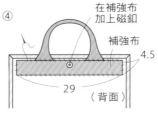
在補強布加上磁釦
補強布
4.5
29
（背面）
隱藏提把，以藏針縫縫合補強布
（貼合直接裁剪的貼布襯）

磁釦縫合方法

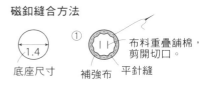
1.4
底座尺寸
① 布料重疊鋪棉，剪開切口。
補強布
平針縫

②
金屬零件從正面插入
拉緊

③ 放上底座，摺彎磁釦摺腳。
④
本體進行藏針縫

106

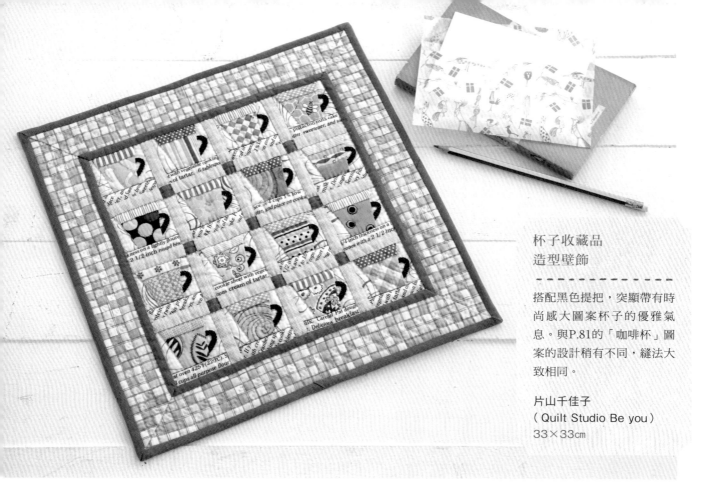

杯子收藏品
造型壁飾

搭配黑色提把，突顯帶有時
尚感大圖案杯子的優雅氣
息。與P.81的「咖啡杯」圖
案的設計稍有不同，縫法大
致相同。

片山千佳子
（Quilt Studio Be you）
33×33cm

材料

各式拼接、貼布縫用零碼布　G、H用布
45×45cm（含滾邊部分）　I用布35×25cm
舖棉、裡布各40×40cm　25號黑色繡線適量

作法順序

拼接A至E，製作16片圖案→連接F至I，製作
表布→重疊舖棉及裡布，進行壓線→刺繡→周
圍進行滾邊（邊角參照P.21相框組合方法）

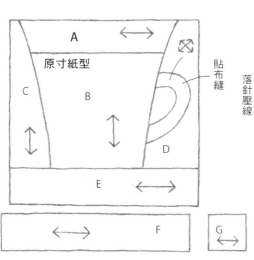

A

原寸紙型

C

B

D

E

F

G

貼布縫

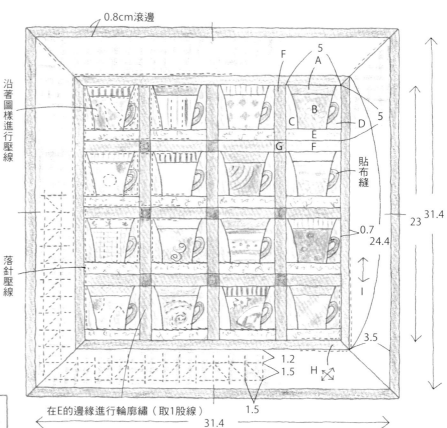

0.8cm滾邊

F
5
A

沿著圖樣進行壓線

B
C
D
5
E
F
G

貼布縫

落針壓線

23

31.4

0.7

24.4

I

3.5

1.2
1.5

H

在E的邊緣進行輪廓繡（取1股線）

1.5

31.4

「檸檬星」造型寬側身包
- -
大圖樣的直紋及碎花圖案組合，展現圖案魅力
的迷你包。使用4片圖案及同尺寸底部1片，合
計5片的正方形製成。

吉永和香子　18×34cm（3件作品相同）

寬側身的包款由於側身較寬，
可收納比視覺上看起來更多的物品。

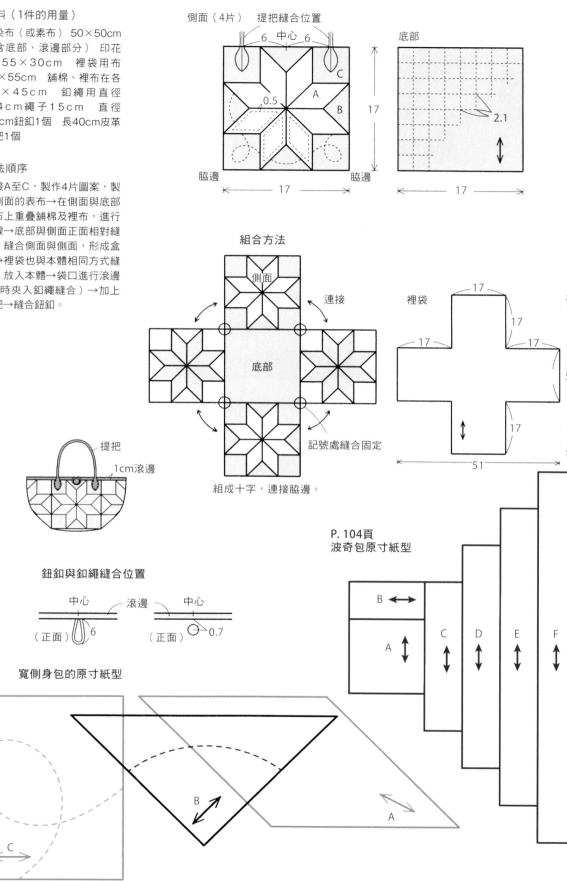

材料（1件的用量）

暈染布（或素布）50×50cm
（含底部、滾邊部分） 印花
布 55×30cm 裡袋用布
55×55cm 鋪棉、裡布在各
70×45cm 釦繩用直徑
0.4cm繩子15cm 直徑
2.2cm鈕釦1個 長40cm皮革
提把1個

作法順序

拼接A至C，製作4片圖案，製
作側面的表布→在側面與底部
表布上重疊鋪棉及裡布，進行
壓線→底部與側面正面相對縫
合，縫合側面與側面，形成盒
型→裡袋也與本體相同方式縫
合，放入本體→袋口進行滾邊
（此時夾入釦繩縫合）→加上
提把→縫合鈕釦。

側面（4片） 提把縫合位置

6 中心 6

C

A

B

0.5

17

脇邊 脇邊

17

底部

2.1

17

組合方法

側面

連接

底部

記號處縫合固定

組成十字，連接脇邊。

裡袋

17

17

17

17

17

51

51

提把

1cm滾邊

鈕釦與釦繩縫合位置

中心 滾邊 中心

（正面）6 （正面）0.7

P.104頁
波奇包原寸紙型

B

A

C

D

E

F

寬側身包的原寸紙型

C

B

A

「祖母花園」
造型裝飾墊

從黃色花蕊向外以粉紅色花
瓣展開的配色。與P.39的圖案
相同方式製作，連接最外側
的三角形布片。不妨在桌子
及梳妝台也放一片裝飾吧！

吉永和香子　22×24cm

「隨行杯」
造型肩背包

只使用有織紋圖樣的淺色
系先染布，呈現成熟粉色
系配色，非常美麗。圖樣
與圖樣相連排列，拼接布
片，發揮先染布的魅力。

松野まゆみ　25×24.5cm

装飾墊
材料

各式拼接用零碼布　舖棉、裡
布各30×25cm　寬1.5cm蕾
絲80cm

作法順序

拼接A，周圍與B接合，製作
表布→背面重疊舖棉，如圖所
示夾入蕾絲，組合→進行壓
線。

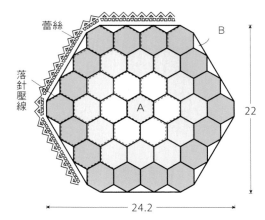

蕾絲
落針壓線
A
B
22
24.2

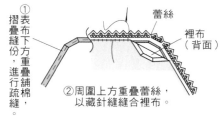

裝飾墊的組合方法

①
摺表布下方重疊縫份，進行疏縫。

蕾絲
裡布（背面）

②周圍上方重疊蕾絲，以藏針縫縫合裡布。

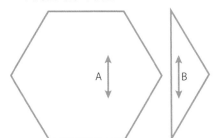

裝飾墊的原寸紙型

A
B

肩背包
材料

各式拼接用先染布　舖棉、裡布、裡袋用布各30×60cm　肩背帶用布　35×115cm
（含吊耳繩、滾邊部分）　22cm拉鍊1條　長4cmD型環2個

作法順序

拼接A至B'後，製作表布→重疊舖棉與裡布後，進行壓線→從底部中心開始正面相對
摺疊，如圖所示進行組合→製作肩背帶，縫合。

完成尺寸　25×24.5cm

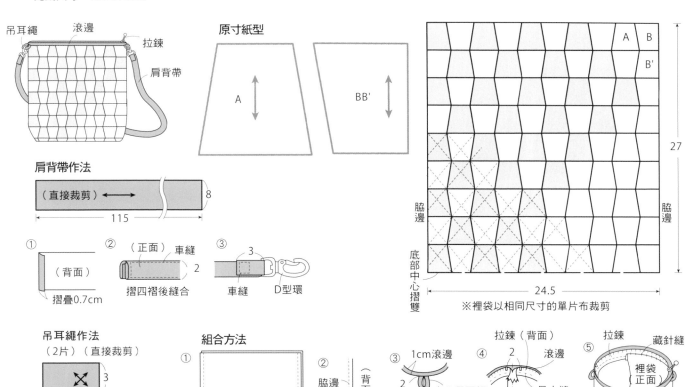

吊耳繩
滾邊
拉鍊
肩背帶

原寸紙型

A
BB'

肩背帶作法

（直接裁剪）
8
115

①（背面）摺疊0.7cm

②（正面）車縫　2　摺四褶後縫合

③　3　車縫　D型環

A　B
B'

脇邊
脇邊
底部中心摺雙
27
24.5
※裡袋以相同尺寸的單片布裁剪

吊耳繩作法
（2片）（直接裁剪）

3
6

0.8
（背面）摺雙　縫合　翻回正面

組合方法

①（背面）底部中心摺雙
正面相對摺疊，縫合兩脇邊

②脇邊（背面）
6
縫合側身

③1cm滾邊　2（正面）脇邊
夾入吊耳繩縫合
滾邊袋口

④拉鍊（背面）　2　滾邊
星止縫　脇邊
加上拉鍊

⑤拉鍊　藏針縫
裡袋（正面）
本體（正面）
放入裡袋，袋口進行藏針縫。

本書協助製作師資
教室&商店資訊

P.66、P.80至P.87
今井雅子老師
教室&商店
マーサキルティグスタジオ
http://martha-quilting.com/

P.16 至P.43、P.61
大佃美佳老師
教室&商店
サシェイ
http://sachet-1998.ocnk.net

P.96、P.97、P.100至 P.103
片岡公子老師
教室&商店
キルトパレット
http://quiltpalette.iinaa.net/
index.html

P.88、P.89、P.104
きたむら恵子老師
教室
K² キルト
http://citytokyo.co.jp/k2quilt

P.58、P.106
後藤洋子老師
教室
後藤洋子
アメリカンパッチワーク教室

P.67
佐藤尚子老師
教室
キルトスプール

P.90至P.95
信國安城子老師
教室&商店
パッチワークショップ＆
スクール ピンクッション
http://pincushion-krm.com

P.59至 P.107
東埜純子老師
教室&商店
キルトスタジオ Be you
http://www3.kcn.ne.jp/~beyou

P.65、P.76、P.77
松尾 綠老師
教室
アトリエアミ
http://atelier-amies.com

P.68至 P.75
円山くみ老師
教室
The Merry Quilters
https://www.facebook.com/
TheMerryQuilters/

P.78、P.79
本島育子老師
教室
パッチワーク教室「Retour」
https://www.retour-quilt.com/

P.48、P.108、P.110
吉永和香子老師
教室
キルト教室 和香

嘗試挑戰製作拼布之後，

大家覺得如何呢？

是不是發現了與單片布不同的魅力，

並感受到手作的溫度呢？

希望本書能帶著大家感受到拼布的樂趣。

本書工具提供

カナガワ（株）

（株）KAWAGUCHI

金亀糸業（株）

クロバー（株）

（株）フジックス

横田（株）

原書製作團隊

編輯／神谷夕加里　関口尚美　國谷 望

　　　黒澤由梨加　田村はるか

描圖／共同工芸社

攝影／鈴木信行　山本和正

製圖＆插畫／木村倫子　三林よし子

排版／遠藤 薫　萩原聡美（P.104至P.111）、

　　　牧 陽子（P.48、P.49、P.58至P.61、P.66、P.67）

全圖解最清楚！
初學者的拼布基本功
一次學會36款圖形＋39款作品實作

作　　者／BOUTIQUE-SHA
發 行 人／詹慶和
執行編輯／黃璟安
編　　輯／劉蕙寧‧陳姿伶‧詹凱雲
執行美編／韓欣恬
美術設計／陳麗娜‧周盈汝
出 版 者／雅書堂文化事業有限公司
發 行 者／雅書堂文化事業有限公司
郵政劃撥帳號／18225950
戶　　名／雅書堂文化事業有限公司
地　　址／新北市板橋區板新路206號3樓
網　　址／www.elegantbooks.com.tw
電子信箱／elegant.books@msa.hinet.net
電　　話／(02)8952-4078
傳　　真／(02)8952-4084

2023年05月初版一刷　定價580元

Lady Boutique Series No.4852
ZOHOKAITEIBAN PATCHWORK NO KIHON BOOK
©2019 Boutique-sha, Inc.
All rights reserved.
Original Japanese edition published in Japan by BOUTIQUE-SHA
Chinese (in complex character) translation rights arranged with
BOUTIQUE-SHA
through Keio Cultural Enterprise Co., Ltd., New Taipei City, Taiwan.

經銷／易可數位行銷股份有限公司
地址／新北市新店區寶橋路235巷6弄3號5樓
電話／(02)8911-0825
傳真／(02)8911-0801

版權所有‧翻印必究
（未經同意，不得將本著作物之任何內容以任何形式使用刊載）
本書如有破損缺頁，請寄回本公司更換

國家圖書館出版品預行編目資料

全圖解最清楚!初學者的拼布基本功：一次學會36款圖形＋
39款作品實作 / BOUTIQUE-SHA著.
-- 初版. -- 新北市：雅書堂文化事業有限公司, 2023.05
　　面；　公分. -- (拼布美學；49)
ISBN 978-986-302-668-6(平裝)

1.CST: 拼布藝術 2.CST: 手工藝

426.7　　　　　　　　　　　　　　　　112003158

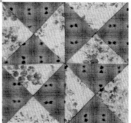

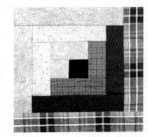

裁切後可使用的單拼片原寸紙型

全圖解最清楚！初學者的拼布基本功
●特別附錄●

請影印本頁後，沿線以剪刀裁剪所需的紙型使用。

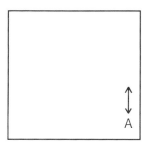

P.22斜向拼接眼鏡袋
（A、B作法P.23）

P.17「九拼片」造型杯墊
（作法P.20）

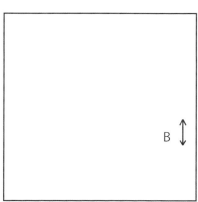

P.24「單愛爾蘭鎖鍊」茶壺隔熱墊
（A、B作法P.25）

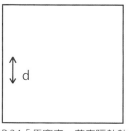
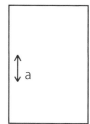

P.24「馬賽克」茶壺隔熱墊
（a～d作法P.25）

斜向拼接眼鏡袋

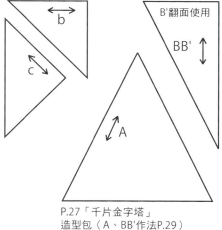

B'翻面使用

BB'

茶壺隔熱墊

P.27「千片金字塔」
造型包（A、BB'作法P.29）

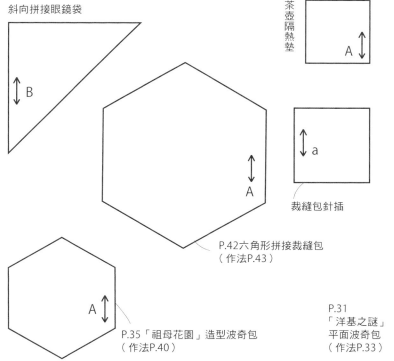

裁縫包針插

P.42六角形拼接裁縫包
（作法P.43）

P.31「鋸齒」平面波奇包（作法P.33）

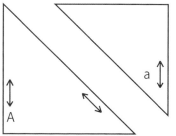

P.31
「洋基之謎」
平面波奇包
（作法P.33）

P.35「祖母花園」造型波奇包
（作法P.40）

117